高职高专"十三五"规划教材

AutoCAD 电气工程制图

主　编　太淑玲　宋伟伟
副主编　孙冠男　刘　爽　党金顺
主　审　山　颖

北京航空航天大学出版社

内 容 简 介

本书是针对电气工程、电子工程等相关专业的 AutoCAD 计算机辅助设计课程编写的一本专业课教材，主要以 AutoCAD 2012 为版本介绍软件的基本功能和使用方法，讲解利用该软件绘制电气工程等相关专业的各种设计图样的方法。全书分为 9 个项目，项目一～项目六主要介绍 AutoCAD 2012 的界面，绘制和编辑基本的二维图形，进行图形的精确定位与编辑、图层与图块的建立与应用，以及文字与尺寸标注等内容。项目七～项目九主要介绍电气工程绘图的一些基本知识、一般规则、绘制实例和图形的打印与输出等内容。另外，本书还附有书中所选主要示例、上机实训的图形文件供读者使用。

本书可作为高职院校电气、电子相关专业课程的教材，也可作为课程设计和实习环节的辅助教材，还可供从事相关工作的工程技术人员参考。

图书在版编目(CIP)数据

AutoCAD 电气工程制图 / 太淑玲，宋伟伟主编. --
北京 :北京航空航天大学出版社，2018.9
ISBN 978 - 7 - 5124 - 2642 - 9

Ⅰ. ①A… Ⅱ. ①太… ②宋… Ⅲ. ①电气工程－工程
制图－AutoCAD 软件 Ⅳ. ①TMO2 - 39

中国版本图书馆 CIP 数据核字(2018)第 204869 号

AutoCAD 电气工程制图
主 编 太淑玲 宋伟伟
副主编 孙冠男 刘 爽 党金顺
主 审 山 颖
责任编辑 张军香
*
北京航空航天大学出版社出版发行
北京市海淀区学院路 37 号(邮编 100191) http://www.buaapress.com.cn
发行部电话:(010)82317024 传真:(010)82328026
读者信箱:goodtextbook@126.com 邮购电话:(010)82316936
北京建宏印刷有限公司印装 各地书店经销
*
开本:787×1 092 1/16 印张:15.5 字数:397 千字
2018 年 10 月第 1 版 2021 年 4 月第 2 次印刷 印数:3 001~4 000 册
ISBN 978 - 7 - 5124 - 2642 - 9 定价:39.00 元

前　言

　　《AutoCAD 电气工程制图》主要介绍应用 AutoCAD 2012 软件进行电气、电子工程图绘制的过程，通过具体实例讲解绘制电气、电子工程图应具备的知识，包括二维绘图命令、二维编辑命令、图层图块、文本标注、表格、工程绘图规则及各种电气、电子工程图案例分析等。在案例选用上突出实用性、综合性和先进性，使读者可迅速掌握软件的基本应用，着重锻炼绘图的能力。

　　本书具有以下特点：

　　(1)以具体实例为切入点，将软件操作巧妙融入实例设计过程中，以完成印制电路板设计为目标，进行每一个具体知识点的讲解。

　　(2)图文并茂地讲述了具体实例，在完成具体实例上步骤清晰，方便初学者和广大电路板设计爱好者自行学习。

　　(3)全书案例丰富，内容由浅入深，由简入繁，逐步提高，使读者在设计能力上得到逐步提高。

　　(4)每章之后有具体操作习题，方便读者课下巩固。

　　本书分为九个项目，内容包括 AutoCAD 基本知识、二维绘图命令、二维编辑命令、文本及表格、标注、电气绘图基础知识、实例篇等。每个项目中均配有难度适中的习题供读者练习，可依据实际情况决定内容的取舍。

　　本书由太淑玲、宋伟伟担任主编，孙冠男、刘爽、党金顺担任副主编。其中项目二、八由太淑玲编写，项目一、五由宋伟伟编写，项目三由孙冠男编写，项目四由党金顺编写，项目六由杨子江编写，项目九由刘爽编写，项目七任务一、二由秦荣编写，任务三由耿永增编写。全书由太淑玲统编，山颖主审。

　　由于编者水平有限，书中难免有错漏和不妥之处，敬请专家、同仁和广大读者给予批评指正。

编　者

2018 年 6 月

目　　录

项目一　AutoCAD 2012 入门

任务一　AutoCAD 简介

　　AutoCAD 是由 Autodesk 公司开发，广泛应用于绘图技术领域的绘图程序软件包。它的出现在很大程度上解决了以往手工绘图耗时长、精确率低等问题，给用户带来了很大方便。CAD 可以理解为计算机辅助制图（Computer－aided Drafting）或者计算机辅助绘图（Computer－aided Drawing）。目前，该软件已广泛应用于机械、通信、建筑、电子、造船、土木、商业及纺织等领域。

（一）AutoCAD 的主要功能

　　AutoCAD 具有强大的平面和三维图形绘制功能，用户可以通过它创建、浏览、管理、打印、输出、共享及准确设计图形。使用灵活多变的图形编辑修改功能与强大的文件管理系统，用户可以轻松、便捷地进行精确绘图。Auto CAD 有如下特点：
　　① 完善的图形绘制与编辑、修改功能。
　　② 提供图形的标注样式与文字输入功能。
　　③ 方便的控制图形显示功能，用户可以任意角度观察图形。
　　④ 可以进行二次开发或自定义成专用的设计工具。
　　⑤ 支持大量的图形格式，在数据转换方面能力较强。
　　⑥ 支持多种外部硬件设备，例如专业的打印机或绘图仪。
　　⑦ 简单易用，适用于不同领域的各类用户。

（二）AutoCAD 安装和使用

1. 运行环境

（1）软件环境

安装 32 位的 AutoCAD 2012 需以下软件：

操所系统：Win7 以上、Vista、XP。

浏览器：Microsoft Internet Exploer7.0 或更高版本。

NER Framework4.0 或更高版本。

（2）硬件环境

内存：2 GB RAM（建议使用 4 GB）。

硬盘：安装要求有 2.0 GB 的硬盘空间。

显示器：在真彩色模式下，最小分辨率 1024×768。

定点设备：MS－Mouse 兼容即鼠标、轨迹球等兼容的定点设备。

光驱（CD－ROM，DVD）：用于安装 AutoCAD 软件。

打印机或绘图仪：用于图形输出。A3 图幅以下可采用激光打印机或喷墨打印机输出，大幅图纸则采用绘图仪出图。

（3）三维建模的其他需求

处理器：Intel Pentium 4 或 AMD Athlon 双核，3.0 GHz 或更高；或者 Inerl AMD 双核处理器，2.0 GHz 或更高。

内存：2 GB RAM。

硬盘：2 GB 可用硬盘空间（不包括安装需要的空间）。

显示器：1280×1024 真彩色视频，显示适配器 128 MB（建议：普通图像为 256 MB，中等图像材质库图像为 512 MB），Pixel Shader 3.0 或更高版本，支持 Direct3D 功能的工作站级图形卡。

2. AutoCAD 2012 的安装

AutoCAD 2012 的安装非常方便，同其他软件包的安装方式基本一样，其要点如下：

① 在光盘上找到 SETUP. EXE 文件并执行。

② 在"序列号"对话框中输入正确的软件序列号。

③ 在"目标位置"对话框中。可考虑将 AutoCAD 2012 安装在空间相对富裕的驱动器下 。

④ 在"安装类型"对话框中，根据需要及硬盘空间大小，合理选择安装类型为"典型""完全""精简"或"自定义"。

⑤ 在"文件夹名称"对话框中为 AutoCAD 2012 指定一个程序文件夹。

⑥ 重新启动计算机。

3. 启　动

在默认情况下，成功安装 AutoCAD 2012 以后，在桌面上产生一个 AutoCAD 2012 快捷图标并且在程序组里面会产生一个 AutoCAD 2012 程序组。

打开 AutoCAD 2012 主窗口有以下 3 种方式：

① 双击快捷图标 。

② 右击快捷图标 ，在弹出的快捷菜单中选择"打开"命令。

③ 选择"开始"|"程序"|"AutoCAD 2012 中文版"命令。

4. 退　出

系统的退出有以下 3 种方式：

① 选择"文件"|"退出"命令。

② 输入指令：Exit（或 Quit）

③ 单击 AutoCAD 2012 主窗口中右上角的"关闭"按钮。

"AutoCAD"对话框：当用户发出"退出"命令，而当前图形经修改尚未存盘时，屏幕即显示"AutoCAD"对话框，提示是否存盘。

系统询问用户是否保存所做改动，"是"表示保存所做改动；"否"表示放弃保存；"取消"则表示取消"退出"命令，继续使用当前画面。只有当用户作出明确选择后，才能退出系统。

任务二 了解绘图环境

（一）AutoCAD 2012 工作界面

AutoCAD 2012 中文版为用户提供了 5 种工作空间模式，分别是草图与注释、三维基础、三维建模、AutoCAD 经典、初始工作空间，并可根据需要初始化设置任何一个工作空间。工作空间由分组的菜单、工具栏、选项板和功能区控制面板组成，用户可以根据设计情况选用所需要的工作空间。

（1）切换工作空间

在"工作空间"工作栏中，单击"草图与注释"右侧的倒三角按钮，在弹出的下拉菜单中显示所有的工具空间，如图 1-1 所示空间转换菜单，此时选择"AutoCAD 经典"命令可将工作空间设置为"经典工作界面"。

（2）工作空间内容

① 草图与注释空间：草图与注释空间如图 1-2 所示。

② CAD 经典空间：对于习惯于 AutoCAD 传统界面的用户来说，推荐使用"CAD 经典"空间。由"菜单浏览器"按钮、菜单栏、工具栏、文本窗口与命令行、状态栏等元

图 1-1 空间转换菜单

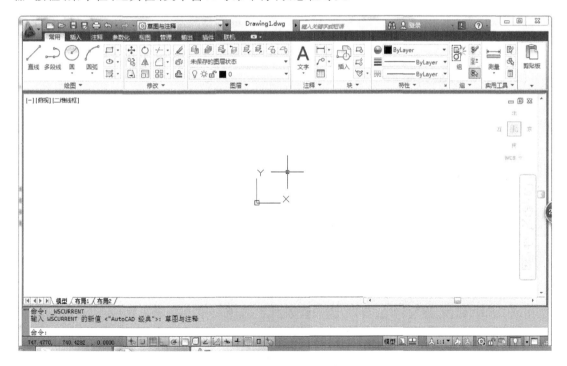

图 1-2 草图与注释空间

素组成，CAD 经典空间如图 1 - 3 所示。

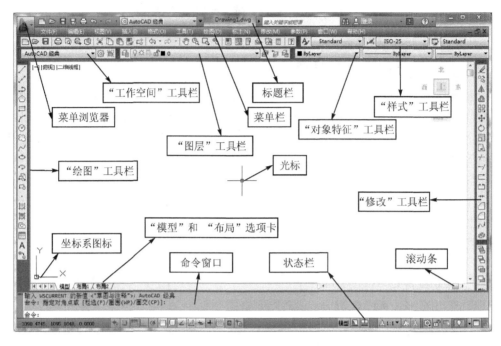

图 1 - 3　CAD 经典空间

③ 三维建模空间：使用"三维建模"空间可以更加方便在三维空间中绘制图形，各种三维操作工具分布在功能区各个选项卡中。但是三维在电气工程制图中用途较少，这里不讲述。

启动 AutoCAD 2012 后首先进入草图与注释工作界面。可在"工作空间"中选择用户所需的工作空间，比如经典工作界面，可将其设置为当前空间。

（二）用户界面的组成

AutoCAD 2012 经典工作界面如图 1 - 3 所示。经典工作界面主要由标题栏、菜单栏、各种工具栏、绘图窗口、命令窗口、状态栏、光标、坐标系图标、滚动条、"模型和布局"选项卡及菜单浏览器等组成。其中，工具栏有"工作空间"工具栏、"特性"工具栏、"快速访问"工具栏、"标准"工具栏、"样式"工具栏、"图层"工具栏、"修改"工具栏、"绘图"工具栏等。

1. 标题栏

标题栏位于 AutoCAD 2012 界面的最上方，其左侧显示当前正在运行的程序名及当前绘图文件名 AutoCAD 2012－[Drawing n. dwg]（n 是阿拉伯数字），位于标题栏右面的各按钮可分别实现窗口的最小化、最大化和关闭等操作。

2. 菜单栏

菜单栏位于标题栏的下方，AutoCAD 2012 包含有 11 个菜单：文件、编辑、视图、插入、格式、工具、绘图、标注、修改、参数窗口及帮助，如图 1 - 4 所示。用户通过这些菜单几乎可以使用软件中的所有功能。菜单由菜单文件定义，用户还可以修改或设计自己的菜单文件。

AutoCAD 2012 的下拉菜单包括三种：

（1）级联菜单

一级菜单项右侧有黑色小三角 ▶ 按钮的菜单项为级联菜单项，将光标放在该菜单项上会

图1-4　菜单栏

弹出下一级子菜单。

（2）对话框菜单项

菜单项右侧带有[…]按钮的菜单项为对话框菜单项,单击此对话框菜单项可弹出相应的对话框。

（3）直接操作的菜单项

单击这种菜单项,可直接进行相应的命令操作。

3. 工具栏

（1）"标准"工具栏

工具栏在绘制图形时起着不可替代的作用,在AutoCAD 2012刚启动的界面中,工具栏并没有完全显示,通常只会显示"标准注释"和"工作空间"工具栏。工具栏中右下角带有小黑三角的工具按钮是成组按钮,成组按钮包含了若干工具,利用这些工具可以调用与相关命令按钮有关的命令。

（2）"对象特性"工具栏

该工具栏用于设置对象特性(例如颜色、线型、线宽),如图1-5所示。

图1-5　"对象特性"工具栏

（3）"绘图"和"修改"工具栏

该工具栏包括了常用的绘制和修改命令。通常,"绘图"和"修改"工具栏在启动AutoCAD时就显示出来。这些工具栏默认位置分别位于窗口左边和右边。用户可以方便地移动、打开和关闭它们。如图1-6、1-7所示。

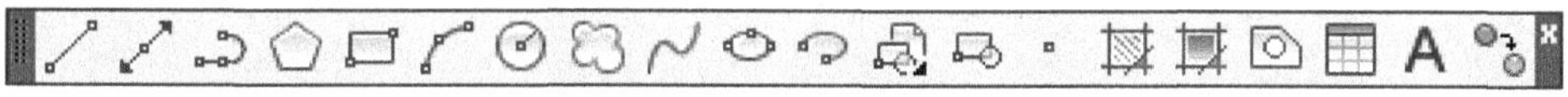

图1-6　"绘图"工具栏

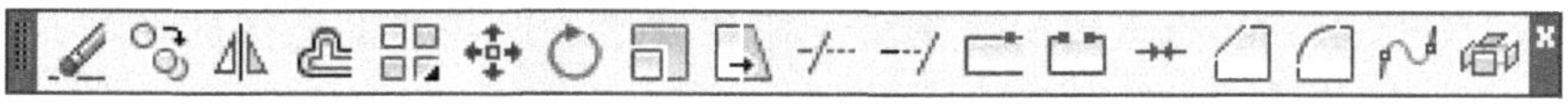

图1-7　"修改"工具栏

（4）工具栏的打开与关闭

在工具栏的任意空白处单击鼠标右键,会弹出工具栏快捷菜单,如图1-8所示,该菜单中包含了几乎所有工具栏的名称,若名称前带有"√"标记,则表示该工具栏已打开,否则表示该工具栏已关闭。需要哪个工具栏只需在快捷菜单中单击相应的工具栏名称即可。

4. 绘图区域

绘图区也叫工作区,是AutoCAD绘制、编辑图形的区域。根据窗口大小和显示的其他组件(例如工具栏和对话框)数目,绘图区域的大小将有所不同。

5．十字光标

在绘图区中有两条相交的线，且在它们的交点上有一个小方框。这个小方框叫拾取框，用它来进行选择或拾取对象。而那两条线称为十字线，用来显示鼠标指针相对于图形中其他对象的位置。

移动鼠标时，绘图区将会出现一个随鼠标移动的十字光标。在屏幕的下方，状态栏（稍后介绍）左端，可以看到 X 轴和 Y 轴的坐标也随鼠标的移动而改变。

6．UCS（用户坐标系）图标

用于显示图形方向，坐标系以 X、Y 和 Z 坐标（对于三维图形）为基础。AutoCAD 2012 有一个固定的世界坐标系（WCS）和一个活动的用户坐标系（UCS）。查看显示在绘图区域左下角的 UCS 图标，可以了解 UCS 的位置和方向。

图 1-8　工具栏快捷菜单

7．"模型/布局"视图标签

"模型"标签和"布局"标签在绘图区的下边，主要是方便用户对模型空间与布局即图纸空间的切换及新建和删除布局的操作。一般情况下，先在模型空间进行设计，然后创建布局对图形进行排列和打印输出。

8．命令窗口

命令窗口是显示用户输入命令和数据及 AutoCAD 2012 信息提示的地方，是人机交互式对话的必经之地，分为历史命令区和命令行。命令行实际是 AutoCAD 文本窗口中特殊的一行，只能随文本窗口的改变而改变。文本窗口的内容大多是已执行过的命令记录，即历史命令。

9．状态栏

状态栏位于界面最底端，包括坐标值、功能开关按钮、注释比例按钮和显示与锁定按钮，如图 1-9 所示。

（1）坐标值：状态栏的左下角用于显示光标的坐标，从左到右依次为 X、Y 和 Z 轴的坐标。

（2）功能开关按钮：这些按钮包括捕捉、栅格、正交、极轴、对象捕捉、对象追踪、DUCS（允许/禁止动态 UCS）、DYN（动态数据输入）、线宽和模型。这些辅助绘图的功能开关按钮将在本章后续内容中进行具体介绍。

图 1-9　状态栏

（3）注释比例按钮：单击 注释比例: 1:1 按钮可从展开的列表中选择合适的注释比例；单击 人1:1 按钮可以设置仅显示当前比例的注释对象；单击 人 按钮可以在注释比例更改时自动将比例添加至注释性对象。

（4）显示与锁定按钮：按钮可以控制工具栏与窗口的锁定与解锁，单击按钮在展开的下拉菜单中,可以查看或设置当前状态栏属性;按钮可以将操作界面最大化显示。

任务三　在 AutoCAD 中使用命令

(一)坐标系与坐标

1.坐标系

AutoCAD 2012 采用两种坐标系:世界坐标系(WCS)和用户坐标系(UCS)。新建立一个图形时这两个坐标系默认是重合的,也可认为当前坐标系为世界坐标系 WCS,是固定的坐标系统。世界坐标系也是坐标系统中的基准,绘图时多数情况下都是在这个坐标系统下进行的。

世界坐标系即 WCS 包括 X 轴和 Y 轴(如果在三维空间工作,还有一个 Z 轴)。其 X 轴和 Y 轴的交汇处有一个"□"形标记,但坐标原点并不在此交汇点,而是在图形窗口的左下角,所有的位移都是相对于原点计算的,并且规定沿 X 轴和 Y 轴正向的位移为正方向,如图 1-10 所示。

用户坐标系是用户为了更好地辅助绘图,通过改变坐标系的原点和方向而创建的坐标系。此时世界坐标系变为用户坐标系即 UCS。该坐标系的原点以及 X 轴、Y 轴、Z 轴方向都可以移动及旋转,甚至可以依赖于图形中某个特定的对象。要设置 UCS,可选择菜单"工具"|"新建 UCS"或"命名 UCS"及其子命令,或者在命令行输入 UCS 命令。例如,图 1-11 中将世界坐标系变为用户坐标系,并将点 O 设置成新坐标系的原点。

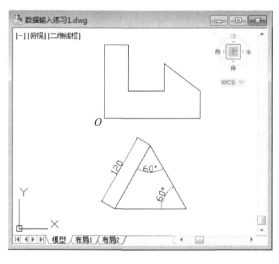

图 1-10　世界坐标系 WCS 的原点

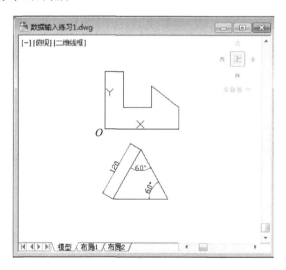

图 1-11　用户坐标系 UCS 的原点

2.坐　标

在 AutoCAD 2012 中,点的坐标可以使用绝对直角坐标、绝对极坐标、相对直角坐标、相对极坐标 4 种表示方法。下面具体介绍一下它们的特点和输入。

(1)绝对坐标

绝对坐标是以原点的交点为基点,主要用于已知点的精确坐标时的情况,包括绝对直角坐标和绝对极坐标两种类型。

◆ 绝对直角坐标

绝对直角坐标的输入格式为(X,Y)。如在命令行中输入点的坐标的前提下，输入"10，10"，则表示输入了一个 X、Y 的坐标值分别为(10,10)的点，即该点的坐标是相对于当前坐标原点的坐标值，如图 1-12(a)所示。

◆ 绝对极坐标

绝对极坐标是在知道目标点到原点的距离以及目标点与原点的连线与 X 轴正方向的夹角的角度值的情况下使用的。其输入格式为"$R<\alpha$"，R 表示目标点到原点的距离，α 表示目标点与原点的连线与 X 轴正方向的夹角的角度值。如图 1-12(b)所示。

（2）相对坐标

相对坐标是以一个已知点为基准来确定另一个点的坐标位置，包括相对直角坐标和相对极坐标两种类型。其表示方法是在绝对坐标的表达方式前加上"@"号，表示某个值的增量值。

◆ 相对直角坐标

相对直角坐标是指目标点相对于前一点的 X 轴和 Y 轴的位移增量值。其表示形式是"@X,Y"，如图 1-12(c)所示。

◆ 相对极坐标

相对极坐标是指目标点与前一点的连线的距离及与 X 轴正方向的夹角的角度值。其输入格式为"@$R<\alpha$"，R 表示目标点到前一点的距离，α 表示目标点与前一点的连线与 X 轴正方向的夹角的角度值。如图 1-12(d)所示。

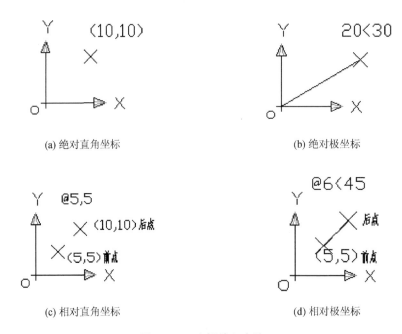

(a) 绝对直角坐标   (b) 绝对极坐标

(c) 相对直角坐标   (d) 相对极坐标

图 1-12　坐标输入方法

（二）执行命令的方式

在 AutoCAD 中，菜单命令、工具按钮、命令和系统变量都是相互对应的。可以选择某一菜单命令,或单击某个工具按钮,或在命令行中输入命令和系统变量来执行相应命令。可以说,命令是 AutoCAD 绘制与编辑的核心。

1. 使用鼠标操作执行命令

在绘图区,光标通常显示为"十"字线形式。当光标移动至菜单选项、工具或对话框内时,它会变成一个箭头。无论光标是"十"字线形式还是箭头形式,当单击或者按动鼠标键时,都会执行相应的命令或动作。在 AutoCAD 中,鼠标键是按照下述规则定义的。

◆ 拾取键:通常指鼠标左键,用于指定屏幕上的点,也可以用来选择 Windows 对象、AutoCAD 对象、工具栏按钮和菜单命令等。

◆ 回车键:指鼠标右键,用于确认并结束当前使用的命令,相当于 Enter 键。此时系统将根据当前绘图状态而弹出不同的快捷菜单。

◆ 弹出菜单:当使用 Shift 键和鼠标右键的组合时,系统将弹出一个快捷菜单,用于设置捕捉点的方法。对于 3 键鼠标,按下鼠标的中间按钮即弹出菜单。

2. 使用键盘输入命令

在 AutoCAD 2012 中,大部分的绘图、编辑功能都需要通过键盘输入来完成。通过键盘可以输入命令、系统变量。此外,键盘还是输入文本对象、数值参数、点的坐标或进行参数选择的唯一方法。

3. 使用"命令行"

在 AutoCAD 2012 中,通过命令行输入命令或命令缩写,也是常用的命令执行方式。对于大多数命令,"命令行"可以显示执行完的两条命令提示(也叫命令历史),而对于一些输出命令,如 LIST 命令,需要在放大的"命令行"或"AutoCAD 文本窗口"中显示。

在命令行中,还可以使用 BackSpace 按键或 Delete 按键删除命令行中的文字;也可以选中命令历史,并执行"粘贴到命令行"命令,将其粘贴到命令行。

(三) 命令技巧

为了让命令的使用更加简单,AutoCAD 提供了重复和取消命令的快捷方式,以及放弃和重做选项。以下是对这几种命令技巧的具体介绍。

1. 重复命令

重复命令最常用的方法就是按下 Enter 键或者空格键,这样可重复调用刚刚使用的命令,不管上一个命令是完成还是被取消。

2. 取消命令

当错误地执行了某个并不需要的命令时,可以将其取消并执行另外一个命令。此时,按下 Esc 键即可将已经开始的命令取消。

3. 放弃命令

大多数 Windows 应用程序在"标准"工具栏上都包含"放弃"和"重做"这两个命令,AutoCAD 也不例外。在 AutoCAD 中,应用程序会从打开这个图形文件起,保存每一步的操作,这样,就可以通过放弃之前进行的每一个操作,使图形文件回到刚刚打开时的状态。

可以通过选择"标准"工具栏中的 🔄 图标按钮,或者在命令行中输入 UNDO 命令,来执行该操作。执行放弃命令后,可以看到下列提示:

输入要放弃的操作数目或

[自动(A)/控制(C)/开始(BE)/结束(E)/标记(M)/后退(B)]<1>：

这里默认的提示是"输入要放弃的操作数目"，如果此时键入一个值，例如 3，就意味着放弃最近执行的 3 个命令。其效果与在"放弃"按钮下拉菜单中选择第 3 个命令是一样的。

4. 重做命令

在放弃或取消某个命令后，可能又不想放弃或取消，则称为重做命令。可以通过选择"标准"工具栏中的 ➟ ▾ 图标按钮，或者在命令行中输入 REDO 命令，来执行该操作。如果要重做前面放弃的多个命令时，可以输入 MREDO 命令。

注意：重做命令与重复命令是有区别的。重做命令可以认为是放弃命令的逆命令，它可以重做刚才 UNDO 命令放弃的效果；而重复命令只能够重复执行上一个刚刚执行过的命令。

（四）透明命令

透明命令是可以在不中断其他命令的情况下被执行的命令。例如缩放命令（zoom）就是一个典型的透明命令，可以在执行其他命令的过程中调用 zoom 命令。透明命令一般多为更改图形设置或打开辅助绘图工具的命令。

透明命令除了可以在命令行中输入以外，还可以通过菜单命令或者工具栏按钮来实现。

任务四　设置绘图环境

（一）配置绘图系统

一般来讲，使用 AutoCAD 2012 默认配置就可以绘图，但是由于每台计算机的显示器、输入设备和输出设备的类型不同，用户喜好的风格也不同，所以用户在开始绘制图形之前可以首先对系统进行必要的配置。选择菜单"工具"|"选项"，或者输入命令 preferences，将打开"选项"对话框。用户可以在该对话框中选择有关选项，对系统进行配置。下面仅就其中几个主要选项卡作一下说明，其他配置选项，在后面用到时再作具体说明。

1. 显示配置

"选项"对话框中的第二个选项卡为"显示"，该选项卡控制 AutoCAD 窗口的外观，如图 1-13 所示。该选项卡用于设置屏幕菜单、屏幕颜色、光标大小、滚动条显示与否、固定命令行窗口中的文字行数、各实体的显示分辨率、版面布局设置及其他各项性能参数等。

在默认情况下，AutoCAD 2012 的绘图窗口是白色背景、黑色线条，如果需要更改绘图窗口背景的颜色，可以按照以下步骤进行设置：

① 打开"选项"对话框，并选择"显示"选项卡，如图 1-13 所示。单击"窗口元素"选项组中的"颜色"按钮，打开"图形窗口颜色"对话框，如图 1-14 所示。

② 单击"图形窗口颜色"对话框中"颜色"下拉列表框右侧的下拉箭头，在打开的下拉列表中，选择需要的窗口颜色，然后单击"应用并关闭"按钮，即可完成绘图区窗口背景颜色的更换。

注意：在设置实体显示分辨率时，值不要太高，因为分辨率越高，显示质量越高，计算机计算的时间就越长，所以显示质量设定合理很重要。

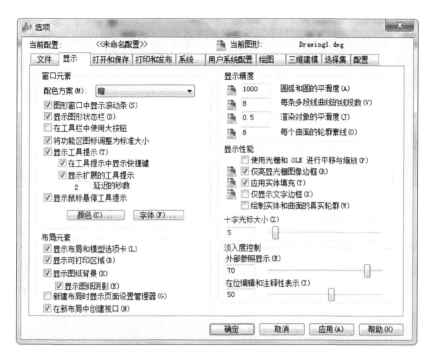

图 1-13　"显示"选项卡

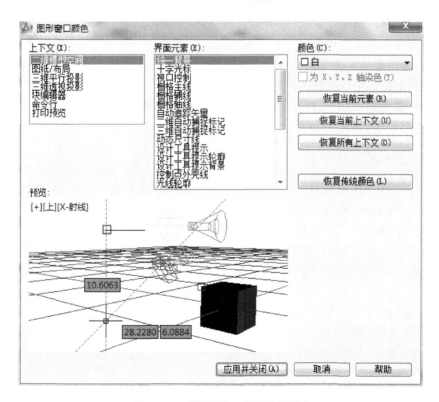

图 1-14　"图形窗口颜色"对话框

2．用户系统配置

"选项"对话框中的第六个选项卡为"用户系统配置"。该选项卡可控制优化软件系统工作方式的各个选项,包括鼠标右键操作、在图形中插入块和图形时使用的默认比例、程序响应坐标数据的输入方式等参数的设置。

（二）设置图形单位

在绘制图形之前,应该先设置图形单位,打开"图形单位"对话框有以下两种方法:

① 选择菜单"格式"|"单位"命令;

② 在命令行中输入 UNITS 或 UN 命令。

执行上述两种操作都将打开如图 1 - 15 所示"图形单位"对话框。

该对话框中各选项(组)的含义如下:

◆ "长度"选项组:其中"类型"下拉列表框用于设置单位的格式类型,该值包括"建筑""小数""工程""分数"和"科学";"精度"下拉列表框用于设置线性测量值显示的小数位数或分数的大小。

◆ "角度"选项组:其中"类型"下拉列表框用于设置角度的格式,"精度"下拉列表框用于设置角度显示的精度。

◆ "插入时的缩放单位"选项组:用于控制插入到当前图形中的块和图形的测量单位。

图 1 - 15　"图形单位"对话框

◆ "光源"选项组:用于设置当前图形中光源强度的测量单位,该值包括"国际"、"美国"和"常规"。

（三）设定绘图区域大小

AutoCAD 的绘图区域相当一张无限大的图纸,通常,为了绘图方便,需要设置图形的界限,激活图形"界限命令"有以下两种方法:

① 选择菜单"格式"|"图形界限"命令;

② 在命令行中输入 LIMITS 或 LIM 命令。

下面以设定一个 420×297 大小的绘图区域为例进一步说明。激活"图形界限"命令后,命令行提示如下:

```
命令：'_limits
重新设置模型空间界限：
指定左下角点或 [开(ON)/关(OFF)]<0.0000,0.0000>：    //指定左下角点为当前坐标原点
指定右上角点 <420.0000,297.0000>：                   //指定右上角点的坐标
```

重复执行一次该命令,命令行提示如下:

```
命令：LIMITS
重新设置模型空间界限：
指定左下角点或 [开(ON)/关(OFF)]<0.0000,0.0000>：ON    //输入 ON 选项,打开该命令
```

注意：设置图形界限时，一般需要执行两次该命令，才能完成。第一次可以指定矩形绘图区域的左下角和右上角点的坐标值，第二次将图形界限命令打开。

（四）图层管理

图层是 AutoCAD 提供的一个管理图形对象的工具，每个图层都表明了一种图形对象的特性，包括颜色、线型和线宽等属性。

1. 设置绘图图层

（1）创建图层

创建图层需打开"图层特性管理器"对话框，有如下三种方法：

① 单击"对象特性"工具栏中的"图层"按钮 ；

② 选择菜单"格式"|"图层"命令；

③ 在命令行中输入 LAYER 命令。

执行上述三种操作都将打开"图层特性管理器"对话框，单击"新建图层"按钮 ，在图层列表中会出现一个名称为"图层 1"的新图层，如图 1－16 所示。在默认情况下，新建图层与当前图层的状态、颜色、线性及线宽等设置均相同，当然图层的名称可以修改。

图 1－16　"图层特性管理器"对话框

（2）设置图层颜色

激活设置图层颜色命令有如下两种方法：

①选择菜单"格式"|"颜色"命令；

②在命令行中输入 COLOR 命令。

执行上述两种操作都将打开如图 1－17 所示的"选择颜色"对话框，可以选择"索引颜色""真彩色"和"配色系统"选项卡来设置图层颜色。

◆ "索引颜色"选项卡：每一种颜色用一个 ACI 编号（1～255 之间的整数）标识，实际上是一张包含 256 种颜色的颜色表。

◆ "真彩色"选项卡：包括 RGB 或 HSL 颜色模式，RGB 是通过对红（R）、绿（G）和蓝（B）3个颜色通道的变化以及它们相互之间的叠加来得到各式各样的颜色；HSL 色彩模式是通过对色调（H）、饱和度（S）、亮度（L）三个颜色通道的变化以及它们相互之间的叠加来得到各式各样的颜色的，HSL 即是代表色调、饱和度、亮度三个通道的颜色。

◆ "配色系统"选项卡：使用标准 Pantone 配色系统设置图层的颜色。

（3）设置图层线型

选择菜单"格式"|"线型"命令，打开"线型管理器"对话框，单击"加载"按钮，将弹出如

图1-18所示的"加载或重载线型"对话框,选中需要加载的线型,然后单击"确定"按钮,则将线型加载到当前图形中。

图1-17 "选择颜色"对话框

图1-18 "加载或重载线型"对话框

(4) 设置图层线宽

选择菜单"格式"|"线宽"命令,打开如图1-19所示的"线宽设置"对话框,通过调整显示比例,使图形中的线宽显示得更宽或更窄。

◆ "线宽"列表框:用于选择线条的宽度。

◆ "列出单位"选项组:列出线宽的单位,"毫米"或"英寸"。

◆ "显示线宽"复选框:设置是否按照实际线宽来显示图形。

◆ "调整显示比列"选项区域:移动滑块,设置线宽的显示比例。

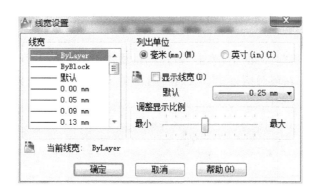

图 1-19 "线宽设置"对话框

2. 管理图层

（1）设置图层特性

使用图层绘制图形时，对象的各种特性将默认为随层，即由当前图层的默认设置决定，用户可单独设置对象的特性来替换原来随层的特性。在"图层特性管理器"对话框中，可以看到每个图层都包含状态、名称、打开/关闭、冻结/解冻、锁定/解锁、线型、颜色、线宽和打印样式等特性，如图 1-20 所示，各种特性含义如下：

图 1-20 图层特性

◆ 状态：显示图层和过滤器的状态，被删除的图层标识为 ，当前图层标识为 。

◆ 名称：是图层唯一的标识，图层的名称按图层 0、图层 1、……的编号排列，也可以修改。

◆ 打开/关闭：单击"开"列中对应的"小灯泡"图标 ，可以打开或关闭图层。在"开"状态下，小灯泡是黄色，图层上的图形可以显示和打印；在"关"状态下，小灯泡是灰色，图层上的图形不是可以显示和打印。

◆ 冻结/解冻：图层可以冻结和解冻，冻结状态对应"雪花"图标 ，图层上的图形不能被显示、打印输入和编辑；解冻状态对应"太阳"图标 ，图层上的图形能被显示、打印输入和编辑。

◆ 锁定/解锁：单击"锁定"列中对应的关闭图标 或打开图标 ，可以锁定或解锁图层。锁定状态并不影响该图层上图形对象的显示，不过用户不能编辑锁定图层上的对象，但可以在锁定的图层中绘制新图层对象。

◆ 颜色：单击"颜色"列对应的图标，可以打开"选择颜色"对话框来选择所需要的颜色。

◆ 线型：单击"线型"列对应的图标，可以打开"线型管理器"对话框来选择所需要的线型。

◆ 线宽：单击"线宽"列对应的图标，可以打开"线宽设置"对话框来选择所需要的线宽。

◆ 打印样式：可确定图层的打印样式，如果是彩色绘图仪，则不能改变这些样式。

◆ 打印：单击"打印"对应的打印机按钮 ，可以设置图层是否能够被打印。

◆ 说明：单击"说明"列两次，可以为图层组过滤器添加必要的说明信息。

（2）切换插入当前层

在"图层特性管理器"对话框的图层列表中，选择某一图层后，单击对话框上方的"置为当前"按钮 ✔ ，即可将该层设置为当前层，这时就可以在该层上绘制和编辑图形。

（3）过滤图层

在"图层特性管理器"对话框中，单击"新特性过滤器"按钮 🗐 ，打开如图 1 - 21 所示的"图层过滤器特性"对话框，在该对话框里，可以在"过滤器定义"列表框中设置图层的名称、状态、颜色、线型及线宽等过滤条件。

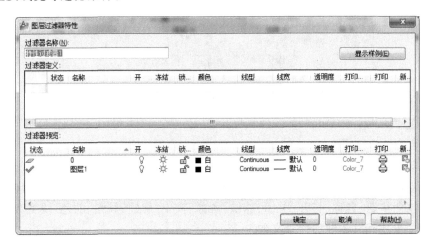

图 1 - 21　"图层过滤器特性"对话框

（4）保存与恢复图层状态

选择菜单"格式"|"图层状态和管理器"命令，打开"图层状态管理器"对话框，单击"新建"按钮，打开"要保存的新图层状态"对话框，如图 1 - 22 所示，从中可以设置图层状态。

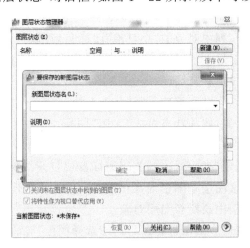

图 1 - 22　"要保存的新图层状态"对话框

要恢复已保存的图层状态，在"图层状态"列表框中选择某一个图层状态后单击"恢复"按扭即可，如图 1 - 23 所示。

（5）转换图层

通过"图层转换器"转换图层，打开"图层转换器"对话框（如图 1 - 24 所示）有如下两种方法：

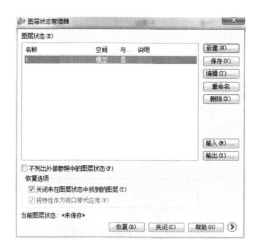

图 1－23　"图层状态管理器"对话框

① 单击"CAD 标准"工具栏当中的"图层转换器"按钮 🐟；
② 选择菜单"工具"|"CAD 标准"|"图层转换器"命令。

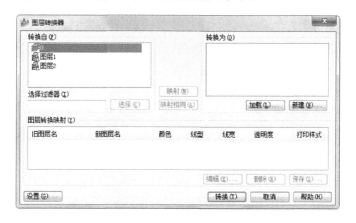

图 1－24　"图层转换器"对话框

下面介绍"图层转换器"对话框中各选项的含义：

◆ "转换自"列表框：显示当前图形中将要被转换的图层结构，可以通过"选择过滤器"
选择。

◆ "转换为"列表框：显示可以将当前图形的图层转换成的图层名称。

◆ "映射"按钮：单击该按钮，可以将在"转换自"列表框中选中的图层映射到"转换为"列
表框中，并且当图层被映射后，将从"转换自"列表框中删除。

◆ "映射相同"按钮：单击该按钮，可以将"转换自"列表框和"转换为"列表框中名称相同
的图层进行转换。

◆ "图层转换映射"选项区域：显示已经映射的图层名称及图层的相关特性值。

◆ "设置"按钮：单击该按钮，打开如图 1－25 所示的"设置"对话框，用于设置转换规则。

图 1-25 "图层转换器"对话框

（五）文件管理

在开始绘图之前，必须了解 AutoCAD 中一些与文件相关的基本命令，如新文件的创建、文件的打开和文件的保存等命令。

1. 新文件的创建

激活"新文件的创建"命令有如下三种方法：

① 单击"标准"工具栏当中的"新建"按钮□；

② 选择菜单"文件" | "新建"命令；

③ 直接按快捷键 CTRL＋N。

以上三种操作均能打开"选择样板"对话框，可以在样板列表框中选择某一个样板文件，这时右边的"预览"框中将显示该样板的预览图像，如图 1-26 所示，然后单击"打开"按钮，可以打开所选中的样板绘制图形。

图 1-26 "选择样板"对话框

2. 文件的打开

激活"文件的打开"命令有如下三种方法：

① 单击"标准"工具栏当中的"打开"按钮；

② 选择菜单"文件"|"打开"命令；

③ 直接按快捷键 CTRL+O。

以上三种操作均能打开"选择文件"对话框，选择需要打开的图形文件，在"打开"下拉列表框中可以选择打开、以只读方式打开、局部打开和以只读文式局部打开等四种打开方式。其中"打开"和"局部打开"可以打开并编辑图形，而"以只读方式打开"和"以只读文式局部打开"可以打开但不能编辑图形。

3．文件的保存

激活"文件的保存"命令有如下三种方法：

① 单击"标准"工具栏当中的"打开"按钮 💾；

② 选择菜单"文件"|"保存"命令；

③ 直接按快捷键 CTRL+N。

当第一次保存图形时，以上三种操作均能打开如图 1 - 27 所示的"图形另存为"对话框，默认的文件类型是 ＊．dwg，也可以在"文件类型"下拉列表框中选择其他格式。

图 1 - 27　"图形另存为"对话框

任务五　辅助绘图工具

使用辅助绘图工具可以有效提高绘图的速度和精度，在 AutoCAD 中常用的辅助绘图命令有捕捉和栅格、极轴追踪、对象捕捉、动态输入和正交等。

1．捕捉和栅格

栅格是为了满足视觉参考而做的显示设置，捕捉一般是和栅格一起用，捕捉的功能是让光标只能在栅格的点上移动，先设置栅格，比如设置栅格间距为 15，则光标每次移动都是 15 的倍数。激活"捕捉和栅格"命令有如下三种方法：

① 选择菜单"工具"|"草图设置"命令，打开"草图设置"对话框，选择"捕捉和栅格"选项卡，如图 1 - 28 所示，在"启用捕捉"和"启用栅格"前面的方框划对号，并在下面设置捕捉间距和栅格间距后单击"确定"按钮。

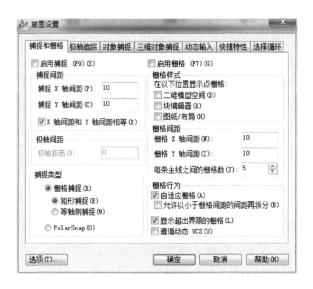

图 1-28 "捕捉和栅格"选项卡

② 直接按快捷键 F9 和 F7；

③ 单击状态栏中的  "捕捉"和"栅格"按钮。在按钮上单击右键也可出现简单设置栏。

图 1-29 所示是在"捕捉"和"栅格"命令都被激活时,用 LINE 命令绘制的图形。

2. 极轴追踪

极轴追踪是沿着事先设定的角度增量来追踪特征点,在绘图时要求线与线间有规定角度时,能有效提高绘图速度。激活"极轴追踪"命令有如下三种方法：

① 选择菜单"工具"|"草图设置"命令,打开"草图设置"对话框,选择"极轴追踪"选项卡,如图 1-30 所示,在"启用极轴追踪"前面的方框内划对号,并设置"增量角""对象捕捉追踪设置""极轴角测量"后单击"确定"按钮。

图 1-29 "捕捉"和"栅格"
激活时绘制的直线

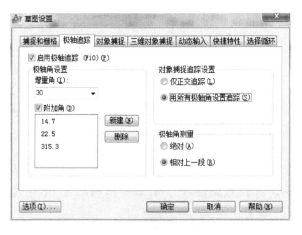

图 1-30 "极轴追踪"选项卡

② 直接按快捷键 F10 可以在开、关之间切换；

③ 单击状态栏中的 "极轴追踪" 按钮。在按钮上单击右键也可出现简单设置栏。

使用极轴追踪功能可以按照事先设置的角度增量显示一条无限延伸的辅助线,然后沿辅助线追踪得到光标点,图 1 - 31 中的虚线即为极轴追踪线。可以在图 1 - 30 所示的"极轴追踪"选项卡中设置极轴追踪参数。

图 1 - 31　极轴追踪线

3. 对象捕捉

对象捕捉是用于辅助用户精确定位在图形对象上的某些特殊点,比如中点、端点、圆点、交点、切点、象限点等。激活"对象捕捉"命令有如下三种方法:

① 选择菜单"工具"|"草图设置"命令,打开"草图设置"对话框,选择"对象捕捉"选项卡,如图 1 - 32 所示,在"启用对象捕捉"和"启用对象捕捉跟踪"前面的方框内划对号,并设置"对象捕捉模式"后单击"确定"按钮。

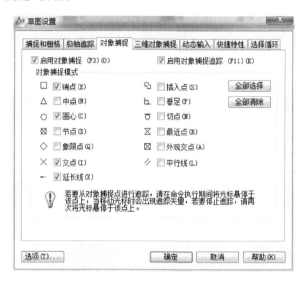

图 1 - 32　"对象捕捉"选项卡

② 直接按快捷键 F3。

③ 单击状态栏中的"对象捕捉" 按钮。在按钮上单击右键也可出现简单设置栏。

图 1 - 33 所示的图形是"对象捕捉"功能所捕捉到的端点、中点、交点和垂足等特殊点。

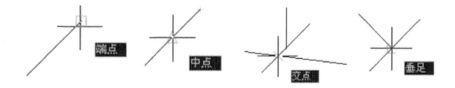

图 1 - 33　"对象捕捉"功能捕捉到的特殊点

4. 动态输入

动态输入是在光标附近显示提示值并可以直接输入规定的数值。激活"动态输入"命令有如下三种方法:

① 选择菜单"工具"|"草图设置"命令,打开"草图设置"对话框,选择"动态输入"选项卡,如图 1-34 所示,在"启用指针输入"和"可能时启用标注输入"前面的方框内划对号,单击"确定"按钮。

图 1-34 "动态输入"选项卡

② 直接按快捷键 F12。

③ 单击状态栏中的 "动态输入"按钮。在按钮上单击右键也可出现简单设置栏。

图 1-35 所示的图形是已激活"动态输入"命令,当光标移动时,提示值随之改变。

5. 正　交

"正交"功能是设置在屏幕上只能绘制与 X 轴和 Y 轴平行的直线。激活"正交"命令有如下三种方法:

① 在命令行中直接输入 ORTHO命令;

② 直接按快捷键 F8;

③ 单击状态栏中的 "正交"按钮。在按钮上单击右键也可出现简单设置栏。

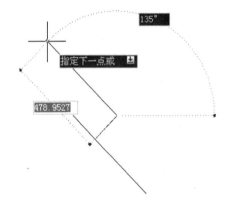

图 1-35 激活"动态输入"命令

【实训一】使用"极轴追踪"功能和"捕捉"功能绘制如图 1-36 所示的图形。图中未标注的直线长度均为 60 mm。

操作步骤:

① 选择菜单"工具"|"草图设置"命令,打开"草图设置"对话框,选择"捕捉和栅格"选项卡,具体参数设置如图 1-28 所示。

② 设置"极轴追踪"选项卡,具体参数设置如图 1-30 所示。

③ 打开状态栏的"捕捉"和"极轴"功能,调用"直线"命令,从 A 点开始出发,绘制第一段直

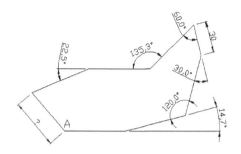

图 1-36 使用"极轴跟踪"和"对象捕捉"功能绘制图形

线,绘图区域中的动态输入提示如图 1-37(a)所示;接着绘制第二段直线,绘图区域中的动态输入提示如图 1-37(b)所示;第三、四、五、六、七段直线的数据输入提示依次如图 1-37(c)、1-37(d)、1-37(e)、1-37(f)和 1-37(g)所示。

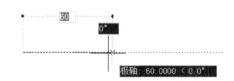

（a）第一段直线的动态输入提示

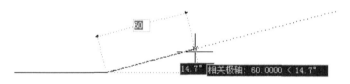

（b）第二段直线的动态输入提示

（c）第三段直线的动态输入提示

（d）第四段直线的动态输入提示

图 1-37 绘制过程

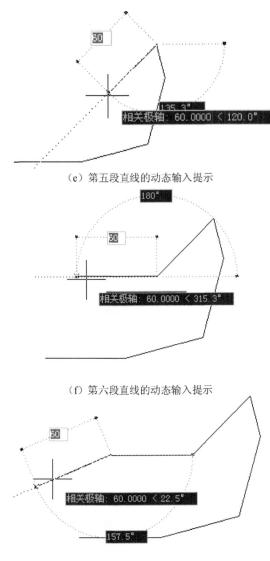

（e）第五段直线的动态输入提示

（f）第六段直线的动态输入提示

（g）第七段直线的动态输入提示

图 1-37　绘制过程(续)

注意：当使用"极轴追踪"功能绘制图形时，在设置对话框参数之前，应先设置"图形单位"对话框，将该对话框中的角度类型设置为"十进制数"，精度设置为"0.0"。另外，"极轴追踪"功能一般和"捕捉"功能一起使用，即需要使状态栏中的"捕捉"和"极轴"都处于打开状态。

【实战演练】

1. 设定一个 297×210 大小的绘图区域，并且在此区域内打开栅格显示。
2. 按下表所列要求创建图层。

图　层	颜　色	线　型	线　宽
轮廓线层	蓝色	ACAD_ISOO2W100	默认
中心线层	红色	ACAD_ISOO2W100	默认
实体层	黑色	Continuous	默认

3. 仍以上题为例,关闭"中心线"层,将"轮廓线"层上的图形对象修改到"实体"层上,然后将"实体层"的线宽修改为 0.7。

4. 用不同的数据输入方法绘制下列各图。

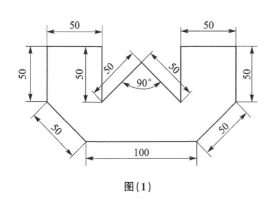

图(1)

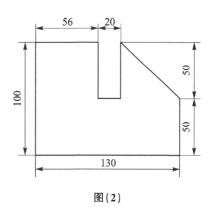

图(2)

5. 使用"极轴追踪"功能和"捕捉"功能绘制下面的图形。

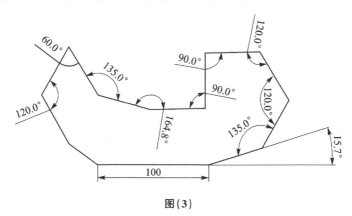

图(3)

项目二　二维绘图命令

任务一　绘制点

点是组成图形对象的最基本组成元素,也是需要掌握的第一个基本图形。在 AutoCAD 中,点有 20 种表示样式,用户可以通过命令 DDPTYPE 或选择菜单"格式"|"点样式"命令,打开"点样式"对话框进行设置,如图 2-1 所示。用户还可以根据需求变更点对象的样式形状、大小与放大方式等。此对话框中的各个选项的含义如下:

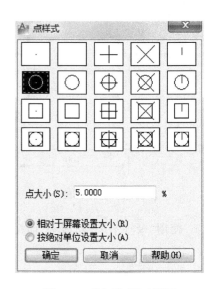

◆ "点大小"文本框:设置点的显示大小。
◆ "相对于屏幕设置大小"单选按钮:按屏幕尺寸的百分比来设置点的显示大小,缩放后,点的大小不变。
◆ "按绝对单位设置大小"单选按钮:按"点大小"文本框中的数值设置点的显示大小,缩放后,点对象的大小将随显示比例变化。

图 2-1　"点样式"对话框

点的操作包括创建单点、多点、定数等分和定距等分四种操作。用户可以单击主菜单后面 ■ 按钮选择"显示菜单栏"命令,然后选择菜单里的"绘图"|"点"命令,打开如图 2-2 所示的子菜单,选择相应的子菜单即可执行各种操作。

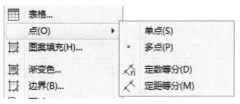

图 2-2　"点"子菜单

(一) 绘制单点和多点

1. 绘制单点

在 AutoCAD 中,要绘制单点对象,有以下三种方法:
① 单击"绘图"工具栏中的"点"按钮 ■ ;
② 选择菜单"绘图"|"点"|"单点"命令;
③ 在命令行中输入 POINT 或者 PO 命令。

2. 绘制多点

　　若要连续绘制多个点对象时,可以选择菜单"绘图"|"点"|"多点"命令,即可在绘图区连续单击来创建多个点对象,直到按 ESC 键结束该命令,如图 2-3 所示。

　　注意:如果将点样式变更为"点样式"对话框(图 2-1)中的第二行第一列的 ⊙ 图标,其他设置保持默认值不变,则图 2-3 中的点即会变成如图 2-4 所示。

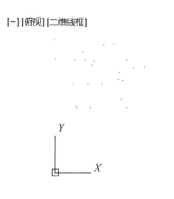

图 2-3　连续绘制多个点对象图

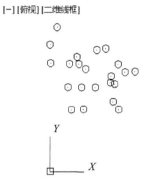

图 2-4　变更点样式后的结果

(二) 定数等分对象

　　定数等分命令(DIVIDE)主要用于将某个对象等分成相等的几段,也可以在被等分的对象上等间隔地放置点。能够执行定数等分的对象有直线、圆、圆弧及椭圆弧等。激活定数等分命令有以下两种方法:

　　① 选择菜单"绘图"|"点"|"定数等分"命令;

　　② 在命令行中输入 DIVIDE 或者 DIV 命令。

　　【实训一】将一段圆弧进行 3 等分,并且在圆弧上添加两个点对象。结果如图 2-5 所示。

　　操作步骤:

　　① 利用圆弧命令,绘制任意一段圆弧。然后选择菜单"绘图"|"点"|"定数等分"命令,或者在命令行中输入 DIVIDE 命令,命令行提示如下:

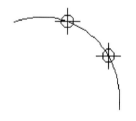

图 2-5　定数等分后的结果

```
命令:_divide
选择要定数等分的对象: //此时光标变成一个正方形的拾取框,将其移至圆弧上单击,指定等分的对象
输入线段数目或 [块(B)]:3 //输入 3,即会将圆弧等分为 3 段
```

　　② 选择菜单"格式"|"点样式"命令,打开"点样式"对话框(见图 2-1),选择第二行第三列的 ⊕ 图标,其他设置保持默认值不变,即可得到图 2-5 所示的结果。

(三) 定距等分对象

　　定距等分命令(MEASURE)可以在指定的对象上按指定的间距绘制点或者插入块。该命令通常用来测量对象的测量点,因此也叫做测量点命令。能够执行定距等分的对象有直线、圆、圆弧及椭圆弧等。激活定距等分命令有以下两种方法:

① 选择菜单"绘图"|"点"|"定距等分"命令；

② 在命令行中输入 MEASURE 或者 ME 命令。

【实训二】将一条长度为 100 mm 的直线进行定距等分，等分间距为 19 mm，结果如图 2 - 6 所示。

图 2 - 6　定距等分后的结果

操作步骤：

① 绘制一条长度为 100 mm，角度任意的直线。选择菜单"绘图"|"点"|"定距等分"命令，或者在命令行中输入 MEASURE 命令，命令行提示如下：

> 命令：MEASURE
>
> 选择要定距等分的对象：//此时光标变成一个正方形的拾取框，将其移至直线上单击，指定等分的对象
>
> 指定线段长度或 [块(B)]：19　//输入等分间距 19 mm，即会每隔 19 个单位添加一个点对象

② 选择菜单"格式"|"点样式"命令，打开"点样式"对话框(如图 2 - 1)，选择第二行第三列的 ⊕ 图标，其他设置保持默认值不变，即可得到图 2 - 6 所示的结果。

注意：定距等分对象时，放置点的起始位置从离对象选取点较近的端点开始；如果对象总长度不能被所选长度整除，则最后放置点到对象端点的距离将不等于所选长度。

任务二　绘制直线、射线和构造线

直线、射线和构造线都属于直线类图形，也是 AutoCAD 中最基本的图形。

(一) 绘制直线

直线是各类绘图中最常用、最简单的一种图形对象，只要指定了起点和端点就可以绘制一条直线。激活直线命令有以下三种方法：

① 单击"绘图"工具栏中的"直线"按钮 ⁄ ；

② 在"绘图"菜单中选择"直线"命令；

③ 在命令行中输入 LINE 或者 L 命令。

执行上述命令后，在绘图区中单击一点作为直线的起始点，再单击另一点作为直线的第二个点，然后按 ENTER 键或者右击确认即可。

下面介绍如何用"直线"命令绘制一条任意角度的斜线。

首先在状态栏中单击"极轴"和 DYN 按钮，使其处于按下状态(通常这是默认设置)。其次在命令行中输入 LINE 命令，任意拾取一点作为直线的起点，然后根据"极轴追踪"提示的数据，在动态输入栏里填写指定的长度和角度。例如输入"200＜60"，即可绘制一条长度为 200 mm，角度为 60°的直线，如图 2 - 7 所示。

【实训三】使用直线命令，绘制任意闭合三角形。结果如图 2 - 8 所示。

图 2-7　使用直线命令绘制任意角度斜线　　　　图 2-8　使用直线命令绘制闭合三角形

操作步骤：

单击"绘图"工具栏中的"直线"按钮，激活直线命令，命令行提示如下：

命令：_line　指定第一点：　　//任意指定一点作为第一点，如图 2-8 中的点 1
指定下一点或［放弃(U)］：@350＜60　//指定点 2
指定下一点或［放弃(U)］：@400＜-60　//指定点 3
指定下一点或［闭合(C)/放弃(U)］：c　　//输入 C 选项，将第三条直线的端点闭合至点 1

（二）绘制构造线

构造线是无线延伸的直线，没有起点和终点，主要用作辅助线，可以放置在三维空间的任何地方。激活构造线命令有以下三种方法：

① 单击"绘图"工具栏中的"构造线"按钮；

② 选择"绘图"菜单的"构造线"命令；

③ 在命令行中输入 XLINE 或者 XL 命令。

下面介绍构造线命令中的其他选项的含义：

水平(H)：绘制一组与 X 轴平行的水平构造线。

垂直(V)：绘制一组与 X 轴垂直与 Y 轴平行的构造线。

角度(A)：通过指定角度和构造线的通过点来创建与水平轴成指定角度的一组构造线。

二等分(B)：创造一条构造线，使其平分某个角度。

偏移(O)：创建平行于某条已知直线的构造线。

（三）绘制射线

射线是指一端固定，另一端向任意方向无限延伸的直线。射线主要用作辅助线以帮助用户定位。创建射线时，只要指定射线的起点和通过点即可绘制一条射线。指定射线的起点后，可在"指定通过点"提示下指定多个通过点，绘制以起点为端点的多条射线，直到按 ESC 键或 ENTER 键退出为止。激活射线命令有以下两种方法：

① 在"绘图"菜单里面选择"射线"命令；

② 命令行中输入"RAY"命令。

任务三 绘制圆、圆弧及椭圆

（一）绘制圆

圆形也是 AutoCAD 中使用率较高的图形对象。激活圆命令有以下三种方法：

① 单击"绘图"工具栏中的"圆"按钮 ⊙；

② 在"绘图"菜单里选择"圆"命令，然后选择相应的子菜单即可执行各种操作；

③ 在命令行中输入 CIRCLE 或者 C 命令。

下面具体介绍绘制圆的六种方法：

1. 通过指定圆心和半径绘制圆

选择菜单"绘图"|"圆"|"圆心、半径"命令，任意拾取一点作为圆心，然后输入圆的半径，如200，如图 2−9(a)所示，可以绘制如图 2−9(b)所示的圆，命令行提示如下：

命令：_circle 指定圆的圆心或［三点(3P)/两点(2P)/相切、相切、半径(T)］：//任意拾取一点作为圆心
指定圆的半径或［直径(D)］：200   //输入圆的半径为 200

(a) 输入半径   (b) 圆

图 2−9 通过指定圆心和半径绘制圆

2. 通过指定圆心和直径绘制圆

选择菜单"绘图"|"圆"|"圆心、直径"命令，任意拾取一点作为圆心，然后输入圆的直径，如450，如图 2−10(a)所示，可以绘制如图 2−10(b)所示的圆，命令行提示如下：

命令：_circle 指定圆的圆心或［三点(3P)/两点(2P)/相切、相切、半径(T)］：//任意拾取一点作为圆心
指定圆的半径或［直径(D)］：_d 指定圆的直径：450   //输入圆的直径为 200

(a) 输入直径   (b) 圆

图 2−10 通过指定圆心和直径绘制圆

3. 通过两点定义直径绘制圆

选择菜单"绘图"|"圆"|"两点"命令，任意拾取一点作为圆直径的第一个端点，然后指定圆直径的第二个端点，可以单击拾取，也可以输入点的坐标，从而绘制圆，如图 2−11 所示，命令

行提示如下：

命令：_circle　指定圆的圆心或［三点(3P)/两点(2P)/相切、相切、半径(T)］：_2p　指定圆直径的第一个端点：　　　　　//任意拾取一点作为圆直径的第一个端点

指定圆直径的第二个端点：　　　　　　　//指定直径的第二个端点

图 2 - 11　通过两点定义直径绘制圆

4. 通过三点定义圆周画圆

选择菜单"绘图"|"圆"|"三点"命令，任意拾取一点作为圆上第一个端点，然后指定圆上第二个端点，最后指定圆上第三个端点，可以单击来拾取，也可以输入点的坐标，如图 2 - 12 所示，命令行提示如下：

命令：_circle　指定圆的圆心或［三点(3P)/两点(2P)/相切、相切、半径(T)］：_3p　指定圆上的第一个点：　　　　　//任意拾取一点作为圆第一个端点

指定圆上的第二个点：//指定圆上第二个点

指定圆上的第三个点：//指定圆上第三个点

图 2 - 12　通过三点定义圆周绘制圆

5. 通过相切于两个对象并指定半径来绘制圆

下面以绘制相切于两条直线的圆为例，选择菜单"绘图"|"圆"|"相切、相切、半径"命令，依次捕捉到如图 2 - 13 所示的与圆相切的 A 点和 B 点，再输入圆的半径，如 200，绘制如图 2 - 13 所示的图形，命令行提示如下：

命令：_circle　指定圆的圆心或［三点(3P)/两点(2P)/相切、相切、半径(T)］：_ttr

指定对象与圆的第一个切点：　　　　　　　　　//捕捉切点 A

指定对象与圆的第二个切点：　　　　　　　　　//捕捉切点 B

指定圆的半径：200　　　　　　　　　　　//指定圆的半径为 200

6. 绘制相切于三个现有对象的圆

下面以绘制相切于三条直线的圆为例，选择"绘图"|"圆"|"相切、相切、相切"命令，依次捕捉到图 2 - 14 中的三个切点 A 点、B 点和 C 点，绘制如图 2 - 14 所示的图形，命令行提示如下：

命令：_circle 指定圆的圆心或 [三点(3P)/两点(2P)/相切、相切、半径(T)]：_3p 指定圆上的第一个
点：_tan 到   //捕捉切点 A

指定圆上的第二个点：_tan 到   //捕捉切点 B

指定圆上的第三个点：_tan   //捕捉切点 C

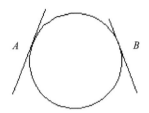

图 2-13 通过相切于两个对象并指定半径绘制圆

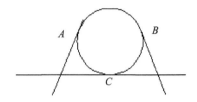

图 2-14 相切于三个对象并指定半径绘制圆

注意：使用"相切、相切、半径"和"相切、相切、相切"的方
法绘制圆形时，需要事先将"对象捕捉"对话框中的"切点"复
选框选上，并且将暂不需要的特殊点复选框去掉，以免在绘
图的过程中出现特殊点捕捉混乱的现象。

【实训四】绘制公切圆，结果如图 2-15 所示。要求大圆
半径为 300 mm。

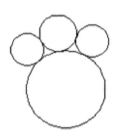

图 2-15 绘制公切圆

操作步骤：

① 选择"绘图"|"圆"|"圆心、半径"命令绘制
图 2-16 中的圆 1 和圆 2。

② 选择"绘图"|"圆"|"相切、相切、半径"命令绘制圆 3，如图 2-16 所示，命令行提示
如下：

命令：_circle 指定圆的圆心或 [三点(3P)/两点(2P)/相切、相切、半径(T)]：_ttr

指定对象与圆的第一个切点：   //捕捉圆 1 的切点

指定对象与圆的第二个切点：   //捕捉圆 2 的切点

指定圆的半径 <62.7481>：150   //指定公切圆的半径为 150

③ 选择"绘图"|"圆"|"相切、相切、相切"命令绘制圆 4，如图 2-17 所示，命令行提示如下：

命令：_circle 指定圆的圆心或 [三点(3P)/两点(2P)/相切、相切、半径(T)]：_3p 指定圆上的第一个
点：_tan 到   //捕捉圆 1 的切点

指定圆上的第二个点：_tan 到   //捕捉圆 2 的切点

指定圆上的第三个点：_tan 到   //捕捉圆 3 的切点

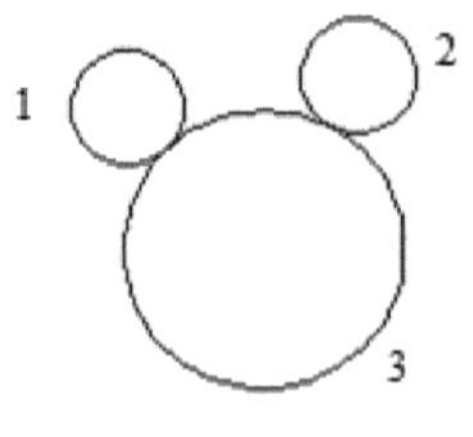

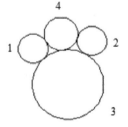

图 2-16 绘制已知两个圆的公切圆

图 2-17 绘制已知三个圆的公切圆

【实训五】绘制如图 2 - 18 所示的图形,要求大圆半径为 300 mm。

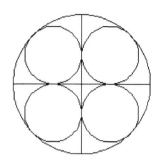

图 2 - 18　绘制公切圆

操作步骤:

① 先利用"圆心、半径"命令绘制一个圆,半径为 300 mm。

命令:_circle 指定圆的圆心或［三点(3P)/两点(2P)/相切、相切、半径(T)］:

指定圆的半径或［直径(D)］:300　　　　　//输入公切圆的半径为 300

② 利用"对象捕捉"在已知圆的内部绘制两条相互垂直的直径。

命令:LINE

LINE 指定第一点:

指定下一点或［放弃(U)］:

指定下一点或［放弃(U)］:600　　　　　//画第一条直径,如图 2 - 19(a)所示

命令:LINE

LINE 指定第一点:'_dsettings

正在恢复执行 LINE 命令

指定第一点:　　　　　　　　　　　//捕捉第一条直径的中点 A,如图 2 - 19(b)所示

指定下一点或［放弃(U)］:　　　　　//延伸到交点 B,如图 2 - 19(b)所示

指定下一点或［放弃(U)］:　　　　　//延伸到交点 C,如图 2 - 19(b)所示

③ 利用"相切、相切、相切"在每个扇形中绘制圆。命令行提示如下(只提示第一个公切圆,其他三个公切圆方法与其相同):

命令:_circle 指定圆的圆心或［三点(3P)/两点(2P)/相切、相切、半径(T)］:_3p 指定圆上的第一个点:_tan 到　　　　　//捕捉第一个圆的切点 D,如图 2 - 19(c)所示

指定圆上的第二个点:_tan 到　　　//捕捉第二个圆的切点 E,如图 2 - 19(c)所示

指定圆上的第三个点:_tan 到　　　//捕捉第三个圆的切点 F,如图 2 - 19(c)所示

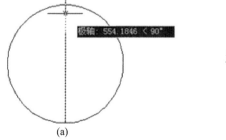

(a)

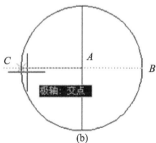

(b)

图 2 - 19　实训四绘图大致过程

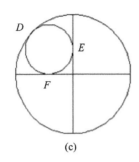

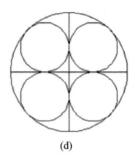

(c)   (d)

图 2-19　实训五绘图大致过程(续)

(二) 绘制圆弧

圆弧在绘制过程中具有举足轻重的作用。绘制圆弧的方法有很多种,可以通过圆心、起点、端点、弧长、半径、角度、弦长与方向等参数进行绘制,默认方法是指定圆弧上的任意三个点绘制圆弧。激活画圆弧命令有以下三种方法:

① 单击"绘图"工具栏中的"圆弧"按钮 ;

② 选择"绘图"菜单的"圆弧"命令,然后选择相应的子菜单即可执行各种操作;

③ 在命令行中输入 arc 或者 a 命令。

下面选择几种较为常用的绘制圆弧方法进行介绍:

1. 指定三点绘制圆弧

选择菜单"绘图"|"圆弧"|"三点",或直接单击 按钮激活圆弧命令,任意拾取圆弧上的三个点或输入三个点的坐标,分别作为圆弧的起点、第二个点和端点。在绘制过程中可以沿逆时针方向创建,也可以沿顺时针方向创建。命令行提示如下:

```
命令:_arc  指定圆弧的起点或[圆心(C)]:              //任意拾取一点作为圆弧的起点
指定圆弧的第二个点或[圆心(C)/端点(E)]:              //指定圆弧上一点
指定圆弧的端点:                                   //指定圆弧的端点
```

2. 通过指定起点、圆心和端点绘制圆弧

选择菜单"绘图"|"圆弧"|"起点、圆心、端点",或直接单击 按钮激活圆弧命令,任意拾取一点(如图 2-20 中的点 A)作为圆弧的起点,然后拾取或输入 B 点的坐标作为圆心,最后拾取或输入 C 点的坐标作为圆弧的端点。命令行提示如下:

```
命令:_arc  指定圆弧的起点或[圆心(C)]:              //任意拾取一点作为圆弧的起点
指定圆弧的第二个点或[圆心(C)/端点(E)]:_c 指定圆弧的圆心:   //指定圆弧的圆心
指定圆弧的端点或[角度(A)/弦长(L)]:                 //指定圆弧的端点
```

注意:圆弧的起点和端点的选择,与菜单"格式"|"单位"对话框中的逆时针或顺时针方向为正的设置有关,即所绘制圆弧的方向与该项设置密切相关。

3. 通过指定起点、圆心和角度绘制圆弧

选择菜单"绘图"|"圆弧"|"起点、圆心、角度",或直接单击 按钮激活圆弧命令,任意拾取一点作为圆弧的起点(如图 2-21 中点 A),然后任意拾取一点或输入相关值(如图 2-21 点 B)作为圆弧的圆心,最后输入圆弧所包含的圆心角,如 90,绘制一段圆弧。其命令行提示如下:

图 2 − 20　通过指定起点、圆心和端点画圆弧

命令：_arc 指定圆弧的起点或 ［圆心(C)］：　　　　　　　　//任意拾取一点作为圆弧的起点
指定圆弧的第二个点或 ［圆心(C)/端点(E)］：_c 指定圆弧的圆心：　//指定圆弧的圆心
指定圆弧的端点或 ［角度(A)/弦长(L)］：_a 指定包含角：90　//指定圆弧包含的角度

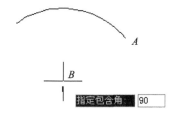

图 2 − 21　通过指定起点、圆心和角度画圆弧

4．通过指定起点、端点和方向绘制圆弧

选择菜单"绘图"|"圆弧"|"起点、端点、方向"，或直接单击 ✐ 按钮激活圆弧命令，打开"正交"方式，任意选取一点(如图 2 − 22(a)中 A 点)作为圆弧起点，B 点作为圆弧的端点(AB 所在的方向平行于 X 轴)，圆弧起点(A 点)的切线方向向下(如图 2 − 22(a)中所示)，绘制一段下半圆弧，结果如图 2 − 22(b)所示。命令行提示如下：

命令：_arc 指定圆弧的起点或 ［圆心(C)］：　　　　　//任意拾取一点作为圆弧的起点
指定圆弧的第二个点或 ［圆心(C)/端点(E)］：e　　　//输入选项 E
指定圆弧的端点：　　　　　　　　　　　　　//指定端点
指定圆弧的圆心或 ［角度(A)/方向(D)/半径(R)］：d　//输入选项 D
指定圆弧的起点切向：　　　　　　　　　　//在正交方式下指定起点切线的方向向下

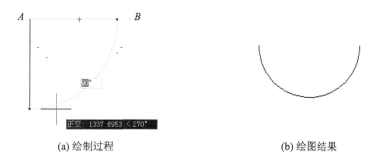

(a) 绘制过程　　　　　　　　　　　　(b) 绘图结果

图 2 − 22　圆弧起点切线方向向下绘制圆弧

注意：选择"起点、端点、方向"的方式绘制圆弧时，圆弧的方向与菜单"格式"|"单位"对话框中的逆时针或顺时针方向为正的设置无关，只跟圆弧起点切线的方向有关。

【实训六】使用圆弧命令绘制图 2-23 所示的图形,尺寸如图中标注所示。

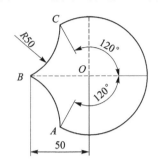

图 2-23 使用圆弧命令绘制图形

操作步骤:

① 绘制 AC 段大圆弧(选择"圆心、起点、角度"方式)。单击"绘图"工具栏上的圆弧命令按钮 ◠。激活圆弧命令后,命令行提示如下:

命令:_arc 指定圆弧的起点或[圆心(C)]:c // 输入选项 C

指定圆弧的圆心: //任意指定一点作为 AC 段圆弧的圆心

指定圆弧的起点:@50<-120 //输入圆弧起点 A 的坐标值

指定圆弧的端点或[角度(A)/弦长(L)]:a //输入选项 A

指定包含角:240 //AC 段圆弧包含的圆心角为 240°,从而完成 AC 段圆弧的绘制

② 调用直线命令,过大圆弧的圆心,绘制一条水平直线 OB。

③ 绘制 BC 段圆弧(选择"起点、端点、半径"方式)。单击"绘图"工具栏上的圆弧命令按钮 ◠。激活圆弧命令后,命令行提示如下:

命令:_arc 指定圆弧的起点或[圆心(C)]: //指定图 2-23 中的点 B 作为该段圆弧的起点

指定圆弧的第二个点或[圆心(C)/端点(E)]:e //输入选项 E

指定圆弧的端点: //指定图 2-23 中的点 C 作为该段圆弧的端点

指定圆弧的圆心或[角度(A)/方向(D)/半径(R)]:r //输入选项 R

指定圆弧的半径:50 //指定该段圆弧的半径为 50 mm

④ 绘制 AB 段圆弧(选择"起点、端点、半径"方式)。该段圆弧的绘制方法与上一步骤中 BC 段圆弧的绘制方法相同。圆弧的起点选择点 A,端点选择点 B(因为系统默认设置中,逆时针方向为正)。

(三) 绘制椭圆

椭圆是以平面上到两定点的距离之和为常值的点的轨迹,也可定义为到定点距离与到定直线间距离之比为常值的点之轨迹。激活椭圆命令有如下三种方法:

① 单击"绘图"工具栏中的"椭圆"按钮 ◓;

② 选择"绘图"菜单的"椭圆"命令,然后选择相应的子菜单即可执行各种操作;

③ 在命令行中输入 ELLIPSE 或者 EL 命令。

下面具体介绍绘制椭圆的三种方法:

1. 通过指定中心点绘制椭圆

选择菜单"绘图"|"椭圆"|"中心点",或直接单击 ◓ 按钮激活椭圆命令,任意拾取一点作为椭圆的中心点,然后任意拾取一点或输入相关值作为椭圆一条轴的端点,最后输入另一条半

轴的长度,如 200(见图 2-24(a)),绘制一个椭圆(见图 2-24(b))。其命令行提示如下:

命令:_ellipse
指定椭圆的轴端点或[圆弧(A)/中心点(C)]:_c 指定椭圆的中心点: //任意拾取一点作为椭圆的中
　　　　　　　　　　　　　　　　　　　　　　　　　　　　//心点
指定轴的端点: //指定轴端点
指定另一条半轴长度或[旋转(R)]:200 //输入另一条半轴长度为 200

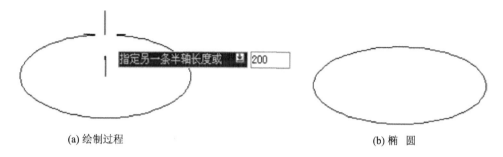

(a) 绘制过程　　　　　　　　　　　　　　　　(b) 椭　圆

图 2-24　通过指定中心点绘制椭圆

2. 通过指定轴和端点绘制椭圆

选择菜单"绘图"|"椭圆"|"轴、端点",或直接单击 ⬭ 按钮激活椭圆命令,任意拾取一点作为椭圆的轴端点,然后任意拾取一点或输入相关值作为椭圆轴的另一个端点,最后输入另一条半轴的长度,如 170(见图 2-25(a)),绘制一个椭圆(见图 2-25(b))。其命令行提示如下:

命令:_ellipse
指定椭圆的轴端点或[圆弧(A)/中心点(C)]: //任意拾取一点作为椭圆的轴端点
指定轴的另一个端点: //指定轴的另一外端点
指定另一条半轴长度或[旋转(R)]:170 //输入另一条半轴长度为 170

(a) 绘制过程　　　　　　　　　　　　　(b) 椭　圆

图 2-25　通过指定轴和端点绘制椭圆

3. 绘制椭圆弧

选择菜单"绘图"|"椭圆"|"圆弧",或直接单击 ⌔ 按钮激活椭圆弧命令,任意拾取一点作为椭圆弧的端点,然后任意拾取一点或输入相关值作为椭圆轴的另一个端点,接着输入另一条半轴的长度,再接着指定椭圆弧的起始角度,如 60(见图 2-26(a)),最后指定椭圆弧的终止角度,如 45(见图 2-26(b)),绘制一段椭圆弧(见图 2-26(c))。其命令行提示如下:

命令：_ellipse

指定椭圆的轴端点或［圆弧(A)/中心点(C)］：_a

指定椭圆弧的轴端点或［中心点(C)］：　　　　　　//任意拾取一点作为椭圆弧的轴端点

指定轴的另一个端点：　　　　　　　　　　　　　//指定轴的另一个端点

指定另一条半轴长度或［旋转(R)］：300　　　　　//输入另一条半轴长度为300

指定起始角度或［参数(P)］：60　　　　　　　　　//指定椭圆弧的起始角角为60

指定终止角度或［参数(P)/包含角度(I)］：45　　　//指定终止角度为45

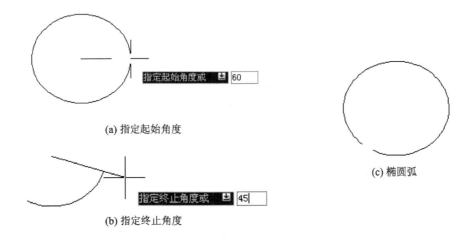

(a) 指定起始角度

(b) 指定终止角度

(c) 椭圆弧

图 2 - 26　绘制椭圆弧

【实训七】绘制如图 2 - 27 所示的图形。

操作步骤：

① 先绘制两条相互垂直的直线。

命令：LINE

LINE 指定第一点：　　　　　　　　　　　　　　//任意拾取一点

指定下一点或［放弃(U)］：250　　　　　　　　　//确定第一条直线的端点

指定下一点或［放弃(U)］：500　　　　　　　　　//确定直线长度为500

命令：↙

LINE 指定第一点：　　　　　　　　　　　　　　//捕捉第一条直线的中点

指定下一点或［放弃(U)］：250　　　　　　　　　//确定第二条直线的第一个端点

指定下一点或［放弃(U)］：500　　　　　　　　　//确定第二条直线的第二个端点

② 选择"绘图"|"圆弧"|"起点、圆心、角度"命令,绘制上、下两个圆弧,参考图 2 - 28,命令行提示(只提示第一个圆弧,另外一个绘制方法与其相同)如下：

命令：_arc 指定圆弧的起点或［圆心(C)］：　　　　　　　　　　　//捕捉第一条直线的端点

指定圆弧的第二个点或［圆心(C)/端点(E)］：_c 指定圆弧的圆心：　//捕捉两条直线的交点

指定圆弧的端点或［角度(A)/弦长(L)］：A

指定包含角：90　　　　　　　　　　　　　　　　　　　　　　//指定圆弧包含的角度

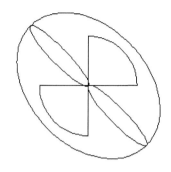

图 2-27 使用圆、圆弧和椭圆命令绘制图形　　　图 2-28 实训七之绘制第一个圆弧

③ 选择"绘图"|"椭圆"|"中心点"命令绘制外椭圆,如图 2-29 所示。命令行提示如下:

命令:_ellipse
指定椭圆的轴端点或 [圆弧(A)/中心点(C)]:_c
指定椭圆的中心点: //捕捉两条直线的交点作为大椭圆的中心点
指定轴的端点: //拾取一条轴的端点
指定另一条半轴长度或 [旋转(R)]:300 //指定另一条半轴长度为 300

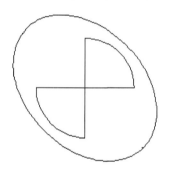

图 2-29 实训七之绘制外椭圆

④ 选择"绘图"|"椭圆"|"轴、端点"命令绘制两个内椭圆,结果如图 2-30(b)所示。命令行提示(只提示第一个小椭圆,另外一个绘制方法与其相同)如下:

命令:_ellipse
指定椭圆的轴端点或 [圆弧(A)/中心点(C)]: //捕捉两直线的垂足作为第一条轴的端点
指定轴的另一个端点: //在外椭圆上捕捉一象限点作为第一条轴的第二个端点,如图 2-30 中(a)所示
指定另一条半轴长度或 [旋转(R)]: //指定另一条半轴的长度为 40

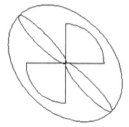

(a)绘制过程　　　　　　　　　　　　　　(b)结果图

图 2-30 实训七之绘制两个内椭圆

任务四 绘制多段线、多线和样条曲线

(一) 绘制多段线

多段线是由多段直线或圆弧组成的,在 AutoCAD 中多段线是一种非常重要的线段,激活多段线命令有如下三种方法:

① 单击"绘图"工具栏中的"多段线"按钮 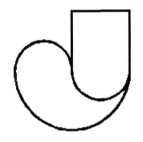；

② 选择"绘图"菜单的"多段线"命令；

③ 在命令行中输入 PLINE 或者 PL 命令。

下面介绍多段线命令中的其他选项的含义:

圆弧(A):表示绘制圆弧。

半宽(H):设置宽多段线的半宽。

长度(L):绘制与上一段相切的指定长度的多段线。

宽度(W):设置多段线的宽度。

【实训八】绘制如图 2-31 所示的多段线图形。

操作步骤:

① 选择"绘图"|"多段线"命令。

② 设置多段线的宽度,如 10。

③ 绘制由 A、B、C、D 四点组成的三条直线,如图 2-32 所示,命令行提示如下:

命令:_pline

指定起点: //任意拾取一点,如图 2-32 中 A 点

当前线宽为 0.0000

指定下一个点或 [圆弧(A)/半宽(H)/长度(L)/放弃(U)/宽度(W)]:W //输入 W 选项,预设置线宽

指定起点宽度 <0.0000>:10

指定端点宽度 <10.0000>:10

指定下一个点或 [圆弧(A)/半宽(H)/长度(L)/放弃(U)/宽度(W)]:300   //指定如图 2-32 中 B 点

指定下一点或 [圆弧(A)/闭合(C)/半宽(H)/长度(L)/放弃(U)/宽度(W)]:300 //指定图 2-32 中 C 点

指定下一点或 [圆弧(A)/闭合(C)/半宽(H)/长度(L)/放弃(U)/宽度(W)]:300

//预指定 D 点,如图 2-33(a)所示

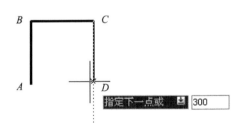

图 2-31 使用多段线命令绘制图形   图 2-32 使用多段线命令绘制直线

④ 依次绘制由 D 和 A 两点组成的圆弧、由 A 和 E 两点组成的圆弧,由 E 和 D 两点组成的圆弧。如图 2-33 所示,命令行提示如下:

指定下一点或[圆弧(A)/闭合(C)/半宽(H)/长度(L)/放弃(U)/宽度(W)]:A　　　//画圆弧

指定圆弧的端点或[角度(A)/圆心(CE)/闭合(CL)/方向(D)/半宽(H)/直线(L)/半径(R)/第二个点(S)/放弃(U)/宽度(W)]:　　　　//捕捉 A 点,如图 2-33(a)所示

指定圆弧的端点或[角度(A)/圆心(CE)/闭合(CL)/方向(D)/半宽(H)/直线(L)/半径(R)/第二个点(S)/放弃(U)/宽度(W)]:300　　　　//如图 2-33(b)所示

指定圆弧的端点或[角度(A)/圆心(CE)/闭合(CL)/方向(D)/半宽(H)/直线(L)/半径(R)/第二个点(S)/放弃(U)/宽度(W)]:　　　　//如图 2-33(c)捕捉 D 点

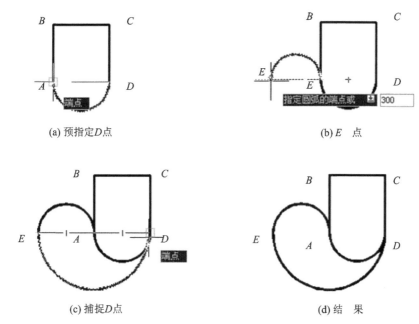

(a) 预指定 D 点 　　　　(b) E 点

(c) 捕捉 D 点 　　　　(d) 结 果

图 2-33　使用多段线命令绘制圆弧

(二) 绘制多线

多线是由多条平行的直线组成的,在 AutoCAD 中多线是一种非常重要的线段,激活多线命令有如下两种方法:

① 在"绘图"菜单里面选择"多线"命令;

② 在命令行中输入 MLINE 或者 ML 命令。

多线的操作比较简单,打开"多线"命令行后依次指定连接多线的点即可。需要注意的是可以通过选择"格式"|"多线样式"命令设置多线的样式,如图 2-34 所示,单击"新建"按钮,在"新样式名"中输入新样式名,如 XINXIN,单击"继续"按钮,在如图 2-35 中进行所需的样式设置并单击"确定"按钮,最后在图 2-36 中把 XINXIN 样式设置为当前样式,那么再激活"多线"命令时就会按 XINXIN 样式绘制多线。

【实训九】用"XINXIN"样式绘制如图 2-36 所示的多线图形。

操作步骤:

① 选择"绘图"|"多线"命令。

图 2-34　多线样式

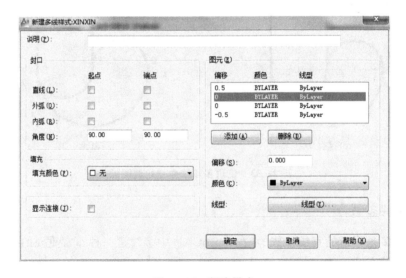

图 2-35　新建样式

② 依次指定如图 2-37 所示 A、B、C、D、E 五个点，绘制多线。命令行提示如下：

```
命令：_mline
当前设置：对正 = 上，比例 = 20.00，样式 = XINXIN
指定起点或 [对正(J)/比例(S)/样式(ST)]：
指定下一点：                              //指定如图 2-37 所示 A 点
指定下一点或 [放弃(U)]：                   //指定如图 2-37 所示 B 点
指定下一点或 [闭合(C)/放弃(U)]：           //指定如图 2-37 所示 C 点
指定下一点或 [闭合(C)/放弃(U)]：           //指定如图 2-37 所示 D 点
指定下一点或 [闭合(C)/放弃(U)]：           //指定如图 2-37 所示 E 点
```

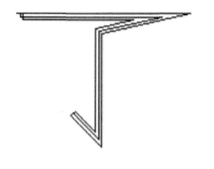

图 2-36 使用多线命令绘制图形

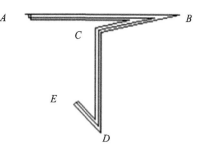

图 2-37 多线路径图

(三) 绘制样条曲线

样条曲线是指按拟合数据点的方式,在各个控制点之间生成一条光滑的曲线,主要用于绘制弧状不规则的图形。激活样条曲线命令有如下三种方法:

① 单击"绘图"工具栏中的"样条曲线"按钮～;

② 选择"绘图"菜单的"样条曲线"命令;

③ 在命令行中输入 SPLINE 或者 SPL 命令。

下面介绍样条曲线命令中的其他选项的含义:

闭合(C):表示封闭样条曲线,使起点和端点重合。

拟合公差(F):表示样条曲线拟合所指定的拟合点集时的拟合精度,当公差为 0 时,样条曲线将经过该点。

绘制样条曲线比较简单,只需指定多个点,就可以生成一条曲线,如图 2-38 所示,命令行提示如下:

```
命令:SPLINE
指定第一个点或[对象(O)]:                      //任意捕捉第一点作为样条曲线的起点
指定下一点:                                   //指定第二点
指定下一点或[闭合(C)/拟合公差(F)]<起点切向>:   //指定第三点
指定下一点或[闭合(C)/拟合公差(F)]<起点切向>:   //指定第四点
指定下一点或[闭合(C)/拟合公差(F)]<起点切向>:   //指定第五点
指定下一点或[闭合(C)/拟合公差(F)]<起点切向>:   //指定第六点
```

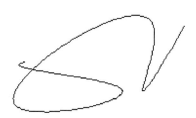

图 2-38 绘制样条曲线

注意:若指定不同的起点与端点切向时,即会有不同的样条曲线效果。

任务五　绘制矩形、正多边形

（一）绘制矩形

矩形是最常见的图形对象之一,激活矩形有如下三种方法:

① 单击"绘图"工具栏中的"矩形"按钮🔲;

② 选择"绘图"菜单的"矩形"命令;

③ 在命令行中输入 RECTANG 或者 REC 命令。

下面介绍矩形命令中其他选项的含义:

绘制矩形可以根据具体情况选择绘制直角矩形、倒角矩形、标高矩形、圆角矩形、有厚度矩形、有宽度矩形。

1．直角矩形

直角矩形如图 2-39 所示。

```
命令:_rectang
指定第一个角点或 [倒角(C)/标高(E)/圆角(F)/厚度(T)/宽度(W)]:
指定另一个角点或 [面积(A)/尺寸(D)/旋转(R)]:D//输入 D 选项,预指定矩形的尺寸
指定矩形的长度 <200.0000>:300          //指定矩形的长度为 300
指定矩形的宽度 <150.0000>:200          //指定矩形的宽度为 200
```

2．倒角矩形:

倒角矩形如图 2-40 所示。

```
命令:_rectang
指定第一个角点或 [倒角(C)/标高(E)/圆角(F)/厚度(T)/宽度(W)]:C
                                        //输入 C 选项,预绘制倒角矩形

指定矩形的第一个倒角距离 <0.0000>:20          //指定矩形的第一个倒角距离为 20
指定矩形的第二个倒角距离 <10.0000>:20          //指定矩形的第二个倒角距离 20
指定第一个角点或 [倒角(C)/标高(E)/圆角(F)/厚度(T)/宽度(W)]: //任意拾取一点
指定另一个角点或 [面积(A)/尺寸(D)/旋转(R)]:          //任意拾取一点
```

图 2-39　直角矩形

图 2-40　倒角矩形

3．标高矩形

标高矩形是矩形相对于基准面的竖向高度,这里的基准面是指 XOY 平面,标高即指矩形与 XOY 平面平行的距离。如图 2-41 所示。

```
命令:_rectang
指定第一个角点或[倒角(C)/标高(E)/圆角(F)/厚度(T)/宽度(W)]:E //输入E选项,预设置标高
指定矩形的标高<0.0000>:100                        //设置与XOY平面平行的距离为100
指定第一个角点或[倒角(C)/标高(E)/圆角(F)/厚度(T)/宽度(W)]://任意拾取一点
指定另一个角点或[面积(A)/尺寸(D)/旋转(R)]:              //任意拾取一点
```

4. 圆角矩形:

圆角矩形如图2-42所示。

```
命令:_rectang
指定第一个角点或[倒角(C)/标高(E)/圆角(F)/厚度(T)/宽度(W)]:F //绘制圆角矩形
指定矩形的圆角半径<0.0000>:20                        //设置圆角半径为20
指定第一个角点或[倒角(C)/标高(E)/圆角(F)/厚度(T)/宽度(W)]:     //任意拾取一点
指定另一个角点或[面积(A)/尺寸(D)/旋转(R)]:              //任意拾取一点
```

图2-41　标高矩形　　　　　　　图2-42　圆角矩形

5. 有厚度矩形

有厚度矩形如图2-43所示。

```
命令:_rectang
指定第一个角点或[倒角(C)/标高(E)/圆角(F)/厚度(T)/宽度(W)]:T  //输入T选项,绘制有厚
                                                    //度的矩形
指定矩形的厚度<0.0000>:15                        //设置矩形宽度为15
指定第一个角点或[倒角(C)/标高(E)/圆角(F)/厚度(T)/宽度(W)]:     //任意拾取一点
指定另一个角点或[面积(A)/尺寸(D)/旋转(R)]:              //任意拾取一点
```

6. 有宽度矩形

有宽度矩形如图2-44所示。

```
命令:_rectang
指定第一个角点或[倒角(C)/标高(E)/圆角(F)/厚度(T)/宽度(W)]:W //绘制有宽度的矩形
指定矩形的线宽<0.0000>:20                        //设置矩形宽度为20
指定第一个角点或[倒角(C)/标高(E)/圆角(F)/厚度(T)/宽度(W)]:     //任意拾取一点
指定另一个角点或[面积(A)/尺寸(D)/旋转(R)]:              //任意拾取一点
```

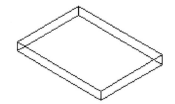 

图2-43　有厚度矩形　　　　　　图2-44　有宽度矩形

（二）绘制正多边形

绘制正多边形既可以绘制内接于圆的正多边形，又可以绘制外切于圆的正多边形，这要根据命令提示进行选择。激活正多边形有如下三种方法：

① 单击"绘图"工具栏中的"正多边形"按钮⬠；

② 选择"绘图"菜单的"正多边形"命令；

③ 在命令行中输入 POLYGON 或者 POL 命令。

下面介绍正多边形命令中的其他选项的含义：

内接于圆(I)：表示绘制内接于圆的正多边形。

外切于圆(C)：表示绘制外切于圆的正多边形。

下面以绘制一个内接于圆的正六边形为例介绍绘制正多边形的方法。

激活"正多边形"命令，输入边的数目，如6，接着指定正多形的中心点，再接着输入选项 I 或 C 选项，如 I（如图 2-45 所示），最后指定圆的半径，如220（如图 2-46 所示）。命令行提示如下：

命令：_polygon 输入边的数目 ＜4＞：6	//要绘制正六边形
指定正多边形的中心点或［边(E)］：	//任意拾取一点作为正六边形的中心点
输入选项［内接于圆(I)/外切于圆(C)］＜I＞：I	//绘制内接于圆的正六边形，见图 2-46
指定圆的半径：220	//内接圆的半径为 220，见图 2-47

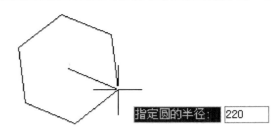

图 2-45　选择内接于圆或外切于圆　　　　图 2-46　输入指定圆的半径

【实训十】绘制由三个外切于圆的正多边形组成的如图 2-47 所示的图形。

操作步骤：

① 选择"绘图"|"正多边形"命令。

② 确定一个中心点，依次绘制外切圆的正九边形，外切圆的正六边形和外切圆的正三角形。命令行提示如下：

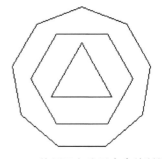

图 2-47　使用正多边形命令绘制图形

命令：_polygon 输入边的数目 ＜4＞：9	//指定绘制正九边形
指定正多边形的中心点或［边(E)］：1000,1000	//指定中心点坐标
输入选项［内接于圆(I)/外切于圆(C)］＜I＞：C	//指定绘制外切于圆的正九边形
指定圆的半径：300	//指定圆的半径为 300，见图 2-48

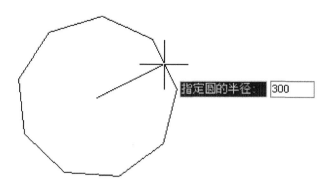

图 2 - 48　输入正九边形的半径为 300

命令：_polygon 输入边的数目 <9>：6　　　　　　　//指定绘制正六边形
指定正多边形的中心点或 [边(E)]：1000,1000　　　//指定中心点坐标
输入选项 [内接于圆(I)/外切于圆(C)] <C>：c　　　//指定绘制外切于圆的正九边形
指定圆的半径：200　　　　　　　　　　　　　　　//指定圆的半径为 200,见图 2 - 49

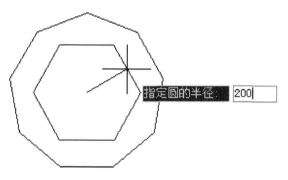

图 2 - 49　输入正六边形的半径为 200

命令：_polygon 输入边的数目 <6>：3　　　　　　　//指定绘制正三角形
指定正多边形的中心点或 [边(E)]：1000,1000　　　//指定中心点坐标,见图 2 - 50
输入选项 [内接于圆(I)/外切于圆(C)] <C>：c　　　//指定绘制外切于圆的正三角形
指定圆的半径：80　　　　　　　　　　　　　　　　//指定圆的半径为 80

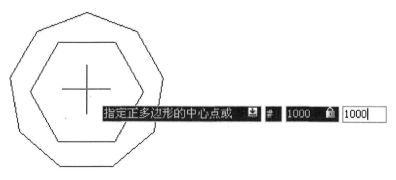

图 2 - 50　输入正三角形的中心点坐标

任务六　图案填充

图案填充是用指定的线条图案来充满指定区域的图形对象,常常用于表达剖切面和不同纹理对象的外观纹理。在机械制图中,常常为了标志某一个区域的意义或者用途而使用图案填充。而且为了满足用户的不同需求,提供的图案填充样式包括:简单线图案、复杂填充图案、实体填充和渐变色填充等。激活图案填充命令有以下三种方法:

① 单击"绘图"工具栏上的"图案填充"按钮 ;

② 选择"绘图"菜单的"图案填充"命令;

③ 在命令行中输入 BHATCH 或者 HATCH 命令。

激活图案填充命令会打开"图案填充和渐变色"对话框,并自动切换到"图案填充"选项卡,如图 2 - 51 所示,从中可以设置图案填充的类型、图案、比例和角度等特性。

图 2 - 51　"图案填充和渐变色"对话框

图 2 - 51 所示对话框中各选项的含义如下:

【类型】下拉列表用于设置填充的图案类型,包括"预定义""用户定义"和"自定义"3 个选项。"预定义"选项可以使用 AutoCAD 提供的图案;"用户定义"选项由一组平行线或者相互垂直的两组平行线组成;"自定义"选项可以使用事先定义好的图案。

【图案】下拉列表用于设置填充的图案,仅当在"类型"下拉列表中选择"预定义"时该选项可用。

【样例】预览窗口用于显示当前选中的图案样例,单击所选的样例图案也可以打开"填充图案选项板"对话框选择图案。

【角度和比例】组合框中的各个选项分别用于设置用户定义类型的图案填充的角度和比例等参数。"角度"下拉列表用于设置填充图案的旋转角度,每一种图案的默认旋转角度为零。"比例"下拉列表用于设置图案填充的密度,比例值越小,图案填充的密度越密,反之,图案填充越稀疏。

【双向】复选框:在【类型】下拉列表中选择"用户定义"选项时选中该复选框,可以使用相互垂直的两组平行线填充图形,否则为一组平行线。

【相对图纸空间】复选框:用于设置比例因子是否为相对于图纸空间的比例。

【间距】文本框:用于设置填充平行线之间的距离,仅在"类型"下拉列表框中选择"用户定义"类型时该选项才可用。

【ISO 笔宽】下拉列表:设置笔的宽度,当图案填充采用 ISO 图案时,该选项才可用。

【图案填充原点】组合框中的各个选项分别用于设置图案填充原点的位置,以便图案填充对齐填充边界上的某一个点。其中,【使用当前原点】单选按钮可以当前 UCS 的原点(0,0)作为图案填充原点。【指定的原点】单选按钮可以通过指定点作为图案填充原点。其中,单击"单击以设置新原点"按钮,可以从绘图窗口中选择某一点作为图案填充原点;选择"存储为默认原点"复选框,可以将指定的点存储为默认的图案填充原点。

【添加:拾取点】按钮:用于确定图案填充的边界。单击该按钮,然后在填充区域中单击一点,系统将自动分析边界集,并从中确定包含该点的闭合边界。

【添加:选择对象】按钮:单击该按钮,直接选择对象进行填充。与"添加:拾取点"按钮的区别在于,该选项既可选择闭合对象亦可选择开放对象进行填充。

【删除边界】按钮:定义好填充区域后单击该按钮,然后单击边界可以将边界一起填充。

【重新创建边界】:围绕选定的图案填充或者填充对象创建多段线或者面域,并使其与图案填充对象相关联(可选)。

【查看选择集】:用于显示已经设置好的图案填充边界,若未定义边界,该选项不可用。

【关联】选项:用于控制图案填充或者填充的关联。关联的图案填充在用户修改其边界时将会更新。

【创建独立的图案填充】选项:控制当指定了多个独立的闭合边界时,是创建多个图案填充对象,还是创建单个图案填充对象。

【绘图次序】:为图案填充指定绘图次序。图案填充可以放在所有的其他对象之后、所有的其他对象之前、图案填充边界之后或者图案填充边界之前。

【继承特性】:单击该按钮可以在绘图区域中选择已有的某个图案填充,并将其类型和属性设置作为当前图案填充的类型与属性。

(一)定义填充边界

通常,在进行图案填充时,首先要指定填充边界。一般可用两种方法选定图案填充的边界,一种是在闭合的区域内部单击一点,AutoCAD 自动搜索闭合的边界;另一种是通过选择对象来定义边界。下面通过一个实例具体介绍"图案填充"选项卡的设置以及两种不同的指定填充边界的方法。

【实训十一】将图 2-52(a)所示封闭图形进行图案填充,结果如图 2-52(b)所示。

操作步骤:

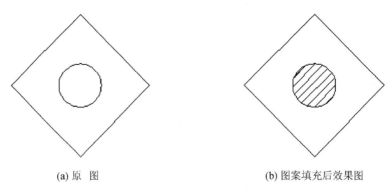

(a) 原　图　　　　　　　　　　　　　(b) 图案填充后效果图

图 2 - 52　　在封闭区域中进行图案填充

① 打开"正交"方式,利用正多边形、圆等命令绘制图 2-52(a)所示的封闭图形。

② 单击"绘图"工具栏上的"图案填充"按钮,打开"图案填充和渐变色"对话框(如图 2-51 所示)。

③ 单击"边界"组合框中的"添加:拾取点"按钮,此时会切换至绘图区,在圆形内部单击鼠标左键(此时圆形变为虚线,如图 2-53 所示),然后按下 Enter 键或空格键再次回到"图案填充和渐变色"对话框,继续进行其他相关选项的设置。

注意:该步骤也可通过"选择对象"来定义边界。单击"边界"组合框中的"添加:选择对象"按钮,此时会切换至绘图区,并且光标变成一个小方框,如图 2-54 所示,然后采用实线框选法(即右选法,"对象的选择方法"在项目三中有具体介绍),将圆形填充边界选中,结果与"添加:拾取点"选择填充边界是一样的,如图 2-53 所示。

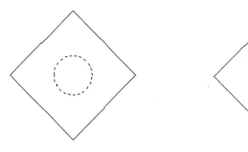

图 2 - 53　选定填充边界　　　图 2 - 54　通过选择对象来定义填充边界

④ 单击"类型和图案"组合框中的"图案"下拉列表右侧的按钮 ⬚ 打开"填充图案选项板"对话框,切换到 ANSI 选项卡中,选择 ANSI31 选项,然后单击 [确定] 按钮,此时又回到"图案填充和渐变色"对话框,继续进行其他相关选项的设置。

⑤ 将"角度和比例"组合框中的"比例"选项设置为 2,"角度"选项保持默认值"0"不变。

⑥ 其他设置保持默认设置不改变,此时单击"图案填充和渐变色"对话框下方的 [确定] 按钮,即可得到图 2-52(b)所示的填充结果。

注意:非封闭图形也可以进行图案填充,不过定义填充边界时,通常采用"选择对象"的方式进行。

（二）图案填充的编辑与分解

1．图案填充编辑

创建图案填充后，如果需要修改填充图案或修改图案区域的边界，则可在"图案填充编辑"对话框中进行修改。打开"图案填充编辑"对话框有以下三种方法：

① 选择菜单"修改"|"对象"|"图案填充"命令；

② 在命令行中输入 hatchedit，然后按下 Enter 键；

③ 双击要编辑的图案填充对象。

"图案填充编辑"对话框与"图案填充和渐变色"对话框的内容是完全一样的。

2．分解图案

图案是一种特殊的块，称为"匿名"块，无论形状多复杂，它都是一个单独的对象。可以使用"分解"命令来分解一个已存在的关联图案（"分解"命令在项目三中有具体介绍）。

图案被分解后，它不再是一个单一的对象，而是一组组成为图案的线条。同时，分解后的图案也失去了与图形的关联性，因此将无法使用"修改"|"对象"|"图案填充"菜单项来编辑。

【实战演练】

1．利用所学的多段线、点、正多边形、圆、直线、圆弧等命令绘制下列图（1）～图（6）的图形。

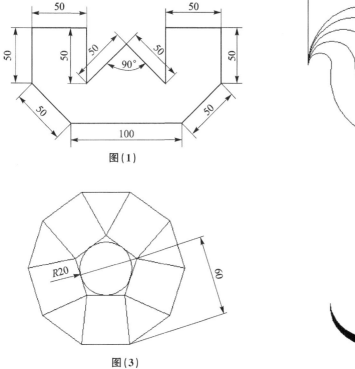

图（1）

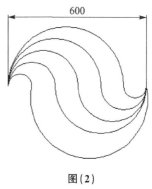

图（2）

图（3）

图（4）

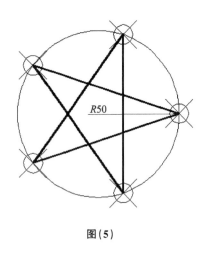

图(5)

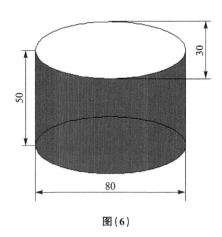

图(6)

2. 创建以下图(1)～图(4)中所示的图案填充效果。

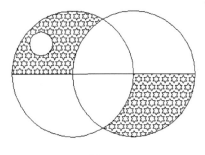

图(1)

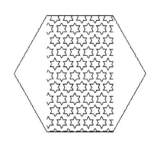

图(2)

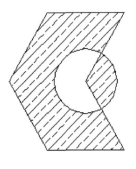

图(3)

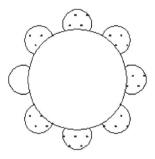

图(4)

项目三 二维编辑命令

任务一 选择及删除对象

（一）选择编辑对象

AutoCAD 在绘图时,经常要对某个对象或者多个对象进行编辑操作和一些其他相关操作,此时必须指定操作对象,即选择目标。常用的选择对象的方法,包括以下三种方式:

① 单击法:移动鼠标指到所要选取的对象上并单击,则该目标以虚线的方式显示,且处于夹点编辑的状态,表明该对象已被选取。

② 实线框选取法(右选):在屏幕上单击一点,然后向右移动光标,此时光标在屏幕上会拉出一个实线框,当该实线框把所要选取的图形对象全部框住后,再单击一次,此时被框住的图形对象会以虚线的方式显示,表明该对象已被选取。这种方法又叫做"窗口选择"法,即被选择框完全包容的内容将被选择。

③ 虚线框选取法(左选):在屏幕上单击一点,然后向左移动光标,此时光标在屏幕上会拉出一个虚线框,当该虚线框把所要选取的对象框住后,再单击一次,此时被框住的部分会以虚线的方式显示,表明该对象已被选取。这种方法又叫做"窗交选择"法,即只要与交叉窗口相交或者被交叉窗口包容的对象,都将被选中。

当图形对象较多时,而又不需要将所有对象都选中的情况下,可使用后两种方法选择对象。

【实训一】使用"窗口选择法"选择图 3 - 1(a)的圆弧作为编辑对象,选择后的结果如图 3 - 1(b)所示。

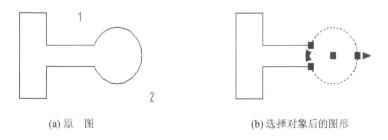

(a) 原 图   (b) 选择对象后的图形

图 3 - 1 "窗口选择法"选择图形对象

操作步骤:

① 单击图 3 - 1(a)的位置 1 处,然后向位置 2 处移动光标,此时会拉出一个实线框;

② 单击位置 2 处,即可选中圆弧图形对象,效果如图 3 - 1(b)所示。

【实训二】使用"窗交选择法"选择图 3 - 2(a)中的直线 3、直线 4 和圆弧 3 个图形对象,选择后的结果如图 3 - 2(b)所示。

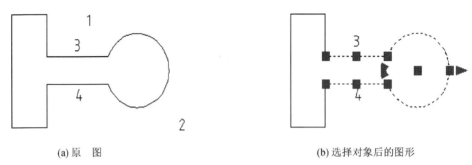

(a) 原　图　　　　　　　　　　　　　　(b) 选择对象后的图形

图 3 - 2　"窗交选择法"选择图形对象

操作步骤：

① 单击图 3 - 2(a)的位置 2 处，然后向左移动光标至位置 1 处，此时会拉出一个虚线框；

② 单击在位置 1 处，即可得到如图 3 - 2(b)所示的选择结果。

注意：以上两个实训中，主要目的是区分"窗口选择法"与"窗交选择法"的不同之处，选择框的两个对角点都是位置 1 和位置 2，但是由于拉动光标的方向不同，所以选择结果就不相同。

(二) 删除对象

AutoCAD 中，删除被选中的图形对象，有以下四种方法：

① 单击工具栏上的"删除"按钮 ；

② 选择"修改"菜单"删除"命令；

③ 在命令行中输入 ERASE 或者 E 命令；

④ 选中要删除的对象，按下 Delete 键。

其中，最常用的删除对象的方法是在命令行输入快捷命令 E。

【实训三】将图 3 - 3(a)中的直线 1 和直线 2 两个图形对象删除。

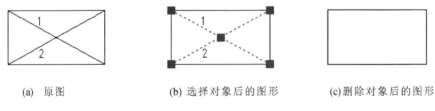

(a)　原图　　　　　　　(b) 选择对象后的图形　　　　　(c)删除对象后的图形

图 3 - 3　删除图形对象

操作步骤：

① 单击直线 1 和直线 2 处，将目标对象选中，效果如图 3 - 3(b)所示；

② 在命令行输入命令 e，即可删除目标对象，效果如图 3 - 3(c)所示。

任务二　复制及偏移对象

(一) 带基点复制对象

"复制"命令有两种使用方法：复制与带基点复制。两种复制方法都可以实现在本窗口之内的图形对象从原位置复制到新位置。要在不同窗口之间复制图形对象，则只能使用复制选项方式。激活"复制"命令有以下三种方式：

① 单击工具栏上的"复制"按钮⬡；

② 在"修改"菜单里面选择"复制"命令；

③ 在命令行中输入 COPY 或者 CO 命令。

执行"复制"命令时，还有其他的选项方式，下面做简单介绍。

◆ 位移(D)：使用(X,Y)坐标的形式(例如(1000,1000))，或者极坐标的形式(例如 1000 <90)来指明当前点的完全位移量。

◆ 模式(O)：用户可以选择"单个"或者"多个"模式，来一次复制一个图形对象或者一次复制多个图形对象。

【实训四】使用 COPY 命令带基点复制图形。

操作步骤：

① 绘制如图 3-4(a)所示的图形；

② 单击工具栏上的复制命令按钮⬡，或者选择菜单栏"修改"|"复制"，启动"复制"命令。命令提示过程如下：

```
命令：_copy
选择对象：找到 1 个                                    //选择图 3-4(a)中的小圆作为复制的对象
选择对象：                                            //按下空格或者回车键
当前设置：  复制模式 = 单个                            //默认的复制模式为单个图形复制
指定基点或 [位移(D)/模式(O)/多个(M)]<位移>：m         //更改复制模式为一次复制多个
                                                     //图形对象
指定基点或 [位移(D)/模式(O)/多个(M)]<位移>：指定第二个点或 <使用第一个点作为位移>：
                                                     //指定小圆的圆心作为基点进行复制
指定第二个点或 [退出(E)/放弃(U)]<退出>：              //指定交点 1 作为带基点复制位移的点
指定第二个点或 [退出(E)/放弃(U)]<退出>：              //指定交点 2 作为带基点复制位移的点
指定第二个点或 [退出(E)/放弃(U)]<退出>：              //指定交点 3 作为带基点复制位移的点
```

③ 复制对象后的效果如图 3-4(b)所示。

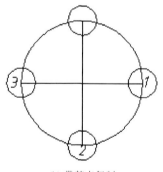

(a) 原　图　　　　　　　　　　　　　　(b) 带基点复制

图 3-4　复制图形

（二）偏移编辑功能

"偏移"命令可以用于创建与所选对象平行或者具有同心结构的形体，能够被偏移的对象包括直线、多段线、圆、圆弧、正多边形、样条曲线等。大多情况下,可以使用"偏移"命令创建平行线。激活"偏移"命令有以下三种方法:

① 单击工具栏上的"偏移"按钮 ；

② 选择"修改"菜单的"偏移"命令;

③ 在命令行中输入 OFFSET 或者 O 命令。

执行"偏移"命令时,还有其他的选项方式,下面做简单介绍。

◆ 通过(T):指通过指定点进行偏移。

◆ 删除(E):用于设置偏移之后删除源对象而仅保留偏移后的结果,还是偏移之后既不删除源对象又保留偏移之后的结果。

◆ 图层(L):用于设定偏移后的对象是自动加入源对象的图层还是加入当前图层。

【实训五】使用"偏移"命令创建平行线,将图 3-5(a)中的直线 1 作为偏移对象,偏移距离为 100,偏移后的效果如图 3-5(b)所示。

(a)原　图   (b)指定距离偏移

图 3-5　指定偏移距离画平行线

操作步骤:

① 绘制图 3-5(a)中的直线 1,长度为 1 000 mm;

② 单击工具栏上的"偏移"命令按钮 ，或者选择菜单栏"修改"|"偏移",启动"偏移"命令。命令提示过程如下:

```
命令: _offset
当前设置: 删除源=否   图层=源   OFFSETGAPTYPE=0
指定偏移距离或 [通过(T)/删除(E)/图层(L)]<20.0000>: 100          //输入偏移距离 100
选择要偏移的对象,或 [退出(E)/放弃(U)]<退出>:                    //选择直线 1 作为偏移对象
指定要偏移的那一侧上的点,或 [退出(E)/多个(M)/放弃(U)]<退出>://单击直
//线 1 的下方,作第一条平行线,即直线 2
选择要偏移的对象,或 [退出(E)/放弃(U)]<退出>:              // 仍然选择直线 1 作为偏移对象
指定要偏移的那一侧上的点,或 [退出(E)/多个(M)/放弃(U)]<退出>://用鼠标左键单击直
//线 1 的上方,作第二条平行线,即直线 3
选择要偏移的对象,或 [退出(E)/放弃(U)]<退出>:              //按 ENTER 键退出偏移命令
```

③ 偏移效果如图 3-5(b)所示。

【实训六】使用"偏移"命令,通过图 3-6(a)中的指定点创建同心圆,偏移效果如图 3-6(b)所示。

操作步骤:

① 绘制半径为 500 的圆,如图 3-6(a)所示;

② 单击工具栏上的"偏移"命令按钮 ，或者选择菜单栏"修改"|"偏移",启动"偏移"命令。命令提示过程如下:

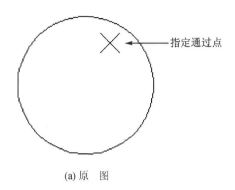

指定通过点

(a) 原　图

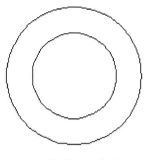

(b) 通过指定点偏移

图 3-6　通过指定点创建同心圆

命令：_offset
当前设置：删除源=否　图层=源　OFFSETGAPTYPE=0
指定偏移距离或 [通过(T)/删除(E)/图层(L)] <通过>：t　　//输入 t,则通过指定点作偏移
选择要偏移的对象,或 [退出(E)/放弃(U)] <退出>：　　//选择图 3-6(a)的圆作为偏移对象
指定通过点或 [退出(E)/多个(M)/放弃(U)] <退出>：　　//单击图 3-6(a)所示的指定点
选择要偏移的对象,或 [退出(E)/放弃(U)] <退出>：　　//按 ENTER 键退出偏移命令

③ 偏移后效果如图 3-6(b)图所示。

任务三　镜　像

"镜像"命令可以完成关于某一对称轴对称的图形,也就是将选定的对象沿一条指定的直线(对称轴所在直线可以是不存在的)对称复制,镜像之后,源对象可以删除,也可以保留。激活"镜像"命令有以下三种方法：

① 单击工具栏上的"镜像"按钮⚠；

② 选择"修改"菜单的"镜像"命令；

③ 在命令行中输入 MIRROR 或者 MI 命令。

【实训七】使用"镜像"命令创建图形。

操作步骤：

① 绘制如图 3-7(a)所示的图形。

② 单击工具栏上的镜像命令按钮⚠,或者选择菜单栏"修改"|"镜像",启动"镜像"命令。命令提示过程如下：

命令：_mirror
选择对象：指定对角点：找到 4 个　　//使用框选法选择图 3-7(a)所示三角形为镜像的对象
选择对象：指定镜像线的第一点：指定镜像线的第二点：
　　　　　　　　　　//分别指定线段 AB 的两个端点作为镜像的第一点和第二点
要删除源对象吗？[是(Y)/否(N)] <N>：　　//键入空格键不删除源对象并退出镜像命令

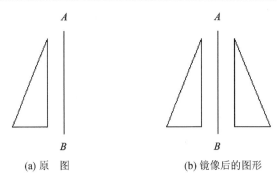

(a) 原　图 (b) 镜像后的图形

图 3 - 7　镜像图形对象

任务四　阵列对象

阵列命令用于创建指定方式(矩形、环形或路径)规则排列的对象副本,如图 3 - 8 所示。在图 3 - 8(a)中,8 个直径为 4 的圆组成一个按 2 行 4 列规则分布的矩形阵列,行间距 38,列间距为 23。

在图 3 - 8(b)中,8 个直径为 4 的圆组成一个沿圆周均匀分布的环形阵列,阵列中心为圆心,填充角度为 360°。

在图 3 - 8(c)中,20 个直径为 4 的圆组成一个沿样条曲线等距分布的路径阵列。

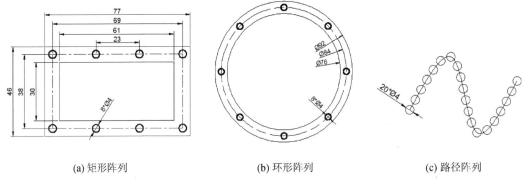

(a) 矩形阵列 (b) 环形阵列 (c) 路径阵列

图 3 - 8　阵列对象

(一) 矩形阵列

1. 命令用途

按任意行、列和层级组合分布对象副本。

2. 命令调用

可使用以下任意一种方式调用命令。

① 选择"修改"|"阵列"|"矩形阵列"命令。

② 单击"修改"工具栏或工具面板的"矩形阵列"按钮 阵列 ・。

③ 输出命令:ARRAYRECT,或者输出命令 ARRAY(或命令缩写 AR)。在选定对象之后输入"矩形(R)"选项。(见图 3 - 9)。

3. 命令操作

命令:AR （调用"阵列"命令）

选择对象:(在完成源对象选择之后 Enter 键确认)

输入阵列类型[矩形(R)/路径(PA)/极轴(PO)]<极轴>:(输入选项 R)

类型=矩形 关联=否

为项目数指定对角点或[基点(B)/角度(A)/计数(C)]<计数>:(指定一个点,或者输入一个选项)

4. 选项说明

（1）为项目数指定对角点:移动鼠标,在预览网格反映所需行数与列数配置时单击,从而指定列阵项目数(包括源对象在内)。后续提示和操作如下。

指定对角点以间隔项目或[间距(S)]<间距>:(指定一个点,或者输入选项)

① 指定对角点以间隔项目:移动鼠标,在预览网格反映所需行间距与列间距配置时单击,从而指定行间距和列间距。后续提示和操作如下。

按 Enter 键接受或[关联(AS)/基点(B)/行(R)/列(C)/层(L)/退出(X)]<退出>:(按 Enter 键接受结果,退出命令,或者输入一个选项)

- 关联(AS):指定阵列中的对象是关联对象还是独立对象。如果是关联对象,则系统将单个阵列中的所有项目当做一个整体,类似于块。用户可以通过编辑阵列的特性和源对象,快速将修改传递给关联对象中的所有项目。如果是独立对象,则更改阵列中的一个项目不影响其他项目。

- 基点(B):指定阵列的基点。对于关联阵列,利用后续选项"关键点(K)"在源对象上指定有效的约束(或关键点)以用作基点。如果编辑已生成的阵列的原对象,阵列的基点保持与原对象的关键点重合。

- 行(R):编辑阵列的行间距,以及他们之间的增标高。后续的"总计(T)"选项用于设置第一行和最后一行之间的总间距,"表达试(E)"选项使用数学公式或方程式获取行数、行间距或增量标高的值。

- 列(C):编辑阵列中的列数和列间距。后续的"总计(T)"选项用于指定于第一列和最后一列之间的总距离,"表达式(E)"选项使用数学公式或方程式获取列数与列间距的值。

- 层(L):指定层数和层间距。后续的"总计(T)"选项用于指定第一层和最后一层之间的总距离,"表达式(E)"选项使用数学公式或方程式获取层数或层间距的值。

- 退出(X):退出命令。

② 间距(S):分别指定行间距和列间距。后续的"表达式(E)"选项使用数学公式或方程式获取行数、行间距、列数或列间距的值。正的行间距在源对象的上方添加行,负的行间距在源对象的下方添加行。正的列间距在源对象的右方添加列,负的列间距在源对象的左方添加列。

（2）基点(B):指定阵列的基点。

（3）角度(A):指定行轴的旋转角度,如图 3-9 所示。行轴和列轴保持相互正交。对于已生成的关联阵列,可以通过编辑阵列的特性去改变行轴与列轴的夹角。

（4）计数(C):分别指定行数和列数。后续的"表达式(E)"选项使用数学公式或方程式获取行数或列数的值。

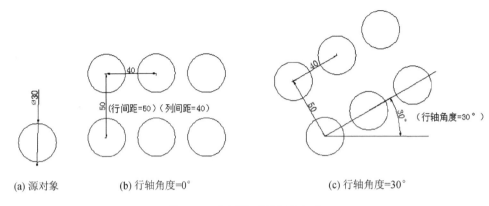

(a) 源对象　　　　　(b) 行轴角度=0°　　　　　(c) 行轴角度=30°

图 3 - 9　矩形阵列的行轴角度

（二）环形阵列

1. 命令用途
围绕指定的中心点或旋转轴复制选定对象来创建阵列。

2. 命令调用
选择以下任意一种方式调用命令。
- 选择"修改"|"阵列"|"环形阵列"命令。
- 单击"修改"工具栏或工具面板的"环形阵列"按钮。
- 输入命令：ARRAYPOLAR↙，或者输入命令 ARRAY（或命令缩写 AR），在选定对象之后输入"极轴（PO）"选项。

3. 命令操作
命令：AR↙（调用"阵列"命令）
选择对象：（选择源对象）
选择对象：（在完成源对象选择之后按 Enter 键进行确认）
输入阵列类型[矩形（R）/路径（PA）/极轴（PO）]<矩形>：（输入选项 PO）
类型＝极轴关联＝是
指定阵列的中心点或[基点（B）/旋转轴（A）]：（指定一个点，或者输入下一个选项）

4. 选项说明
（1）指定阵列的中心点：指定分布阵列项目所围绕的点。后续提示和操作如下。
输入项目数或[项目间角度（A）/表达式（E）]<4>：（指定项目数，或者输入选项）
① 输入项目数：指定阵列中的项目数（包括源对象在内）。后续提示和操作如下。
指定填充角度（＋＝逆时针、－＝顺时针）或[表达式（EX）]<360>：（输入填充角度，即阵列中第一个和最后一个项目之间的角度，正角度逆时针方向阵列对象，或者直接按 Enter 键指定填充角度为 360°，或者输入选项 EX，使用数学公式或方程式去获取填充角度的值）
按 Enter 键接受或[关联（AS）/基点（B）/项目（I）/项目间角度（A）/填充角度（F）/行（ROW）/层（L）/旋转项目（ROT）/退出（X）]<退出>：（按 Enter 键接受结果，退出命令，或者输入一个选项）
- 关联（AS）：指定阵列中的对象是关联对象还是独立对象。
- 基点（B）：指定阵列的基点。
- 项目（I）：编辑阵列中的项目数。

- 项目间角度(A):编辑相邻项目之间的角度。
- 填充角度(F):编辑填充角度,即阵列中第一个和最后一个项目之间的角度。
- 行(ROW):编辑阵列中的行数和行间距,以及它们之间的增量标高。
- 层(L):指定沿 Z 轴方向分布的层数和层间距。
- 旋转项目(ROT):控制在排列项目时是否旋转项目,如图 3-10(b)和图 3-10(c)所示。
- 退出(X):退出命令。

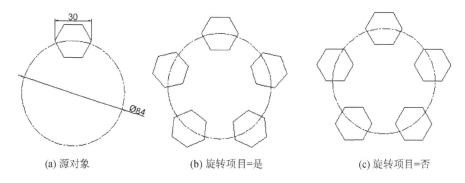

(a) 源对象   (b) 旋转项目=是   (c) 旋转项目=否

图 3-10 环形阵列参数设置

② 项目间角度(A):指定相邻项目之间的角度。
③ 表达式(E):使用数学公式或方程式去获取项目数的值。
(2) 基点(B):指定阵列的基点。
(3) 旋转轴(A):指定两个点去定义旋转轴。旋转轴与当前用户坐标系(UCS)的 XY 平面垂直,即与 Z 轴平行。

(三) 路径阵列

1. 命令用途
沿指定路径或路径的一部分均匀分布对象副本。

2. 命令调用
选择以下任意一种方式调用命令。
- 选择"修改"|"阵列"|"路径阵列"命令。
- 单击"修改"工具栏或工具面板的"路径阵列"按钮。
- 输入命令:ARRAYPATH↙,或者输入命令 ARRAY(或命令缩写 AR),在选定对象之后输入"路径(PA)"选项。

3. 命令操作

命令:AR↙(调用"阵列"命令)
选择对象:(选择源对象)
选择对象:(在完成源对象选择之后按 Enter 键进行确认)
输入阵列类型[矩形(R)/路径(PA)/极轴(PO)]<极轴>:(输入选项 PA)
类型= 路径 关联=是
选择路径曲线:(选取直线、多段线、三维多段线、样条曲线、螺旋线、圆弧、圆或椭圆作为路径对象)
输入沿路径的项数或[方向(O)/表达式(E)]<方向>:(指定项目数,或者输入一个选项)

4. 选项说明

（1）输入沿路径的项数：指定阵列中的项目数（包括源对象在内）。后续提示和操作如下。

指定沿路径的项目之间的距离或［定数等分（D）/总距离（T）/表达式（E）］＜沿路径平均定数等分（D）＞：（指定项目之间的距离，或者输入一个选项）

① 指定沿路径的项目之间的距离：指定相邻项目之间的距离。后续提示和操作如下。

按 Enter 键接受或［关联（AS）/基点（B）/项目（I）/行（R）/层（L）/对齐项目（A）/Z 方向（Z）/退出（X）］＜退出＞：（按 Enter 键接受结果，退出命令，或者输入一个选项）

- 关联（AS）：指定阵列中的对象是关联对象还是独立对象。
- 基点（B）：指定阵列的基点。
- 项目（I）：编辑阵列中的项目数。
- 行（R）：编辑阵列中的行数和行间距，以及它们之间的增量标高。
- 层（L）：指定沿 Z 轴方向分布的层数和层间距。
- 对齐项目（A）：指定是否对齐每个项目以与路径的方向相切，如图 3－11 所示。
- Z 方向（Z）：控制是否对阵列中的所有项目保持 Z 方向。
- 退出（X）：退出命令。

② 定数等分（D）：将项目沿整个路径长度等距离分布。

③ 总距离（T）：指定第一个和最后一个项目之间的总距离。

④ 表达式（E）：使用数学公式或方程式去获取相邻项目之间的距离。

（2）方向（O）：控制源对象是否将相对于路径的起始方向重定向（旋转），然后再移动到路径的起点，如图 3－11 所示。输入 O 后，提示和操作如下。

指定基点或［关键点（K）］＜路径曲线的终点＞：（指定基点，或者输入选项）
指定与路径一致的方向或［两点（2P）/法线（NOR）］＜当前＞：（按 Enter 键，或者输入选项）

当前：源对象保持原有方向和位置。

两点（2P）：指定两个点来定义源对象与路径的起始方向一致的方向。

法线（NOR）：源对象对齐垂直于路径的起始方向。

- 表达式（E）：使用数学公式或方程式去获取阵列中的项目数（包括源对象在内）。

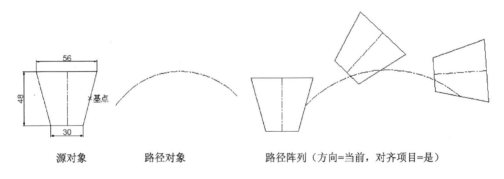

(a) 路径阵列（方向=当前，对齐项目=是）

图 3－11　路径阵列(方向 O 和对齐项目 a)选项

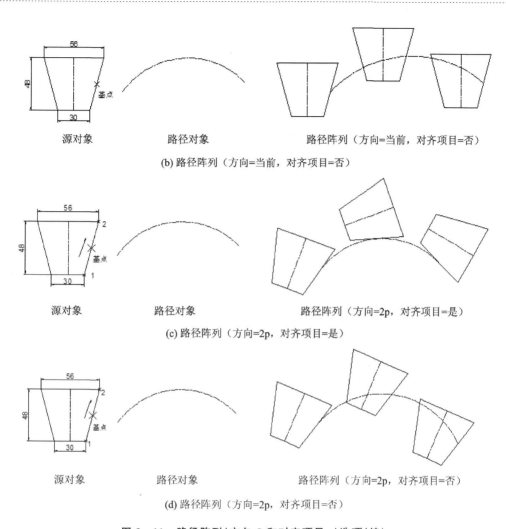

(b) 路径阵列（方向=当前，对齐项目=否）

(c) 路径阵列（方向=2p，对齐项目=是）

(d) 路径阵列（方向=2p，对齐项目=否）

图 3－11　路径阵列(方向 O 和对齐项目 a)选项(续)

任务五　移动及旋转对象

（一）用 MOVE 命令改变对象的位置

"移动"命令可以将一个或多个目标对象从原位置移动至新位置,并且不改变目标对象的大小及形状,激活"移动"命令有以下四种方法:

① 单击工具栏上的"移动"按钮✛;

② 选择"修改"菜单的"移动"命令;

③ 在命令行中输入 MOVE 或者 M 命令;

④ 选择要移动的对象,在绘图区域单击鼠标右键,在打开的快捷菜单中选择"移动"。

【实训八】调用"移动"命令,将目标对象移动至指定位置。

操作步骤:

① 调用"圆"命令和"环形阵列"编辑命令绘制如图 3-12（a）所示的图形。

② 单击工具栏上的"移动"命令按钮✛，或者选择菜单栏"修改"│"移动"，启动"移动"命令。命令提示过程如下：

命令：_move	
选择对象：找到 1 个	//选择圆 2 作为移动的对象
选择对象：	//按 ENTER 键回到移动命令
指定基点或［位移(D)]＜位移＞：	//指定圆 2 的圆心作为基点
指定第二个点或 ＜使用第一个点作为位移＞：	//指定 A 点作为对象移至的点，完成移动
命令： MOVE	//按空格键重复执行移动命令
选择对象：找到 1 个	//选择圆 3 作为移动的对象
选择对象：	//按 ENTER 键回到移动命令
指定基点或［位移(D)]＜位移＞：	//指定圆 3 的圆心作为基点
指定第二个点或 ＜使用第一个点作为位移＞：	//指定 B 点作为对象移至的点，完成移动

③ 移动后的效果如图 3-12（b）所示。

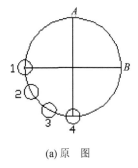
(a) 原　图

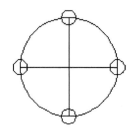
(b) 移动对象后的图形

图 3-12　移动对象

（二）将对象旋转到倾斜位置

"旋转"命令（ROTATE）主要用于将一个或多个目标对象绕指定的基点旋转某一角度，可以改变目标对象的方向（或位置），但不会改变其大小和形状。当输入的角度为正值时，对象将沿逆时针方向旋转；当输入的角度为负值时，对象将沿顺时针方向旋转。激活"旋转"命令有以下四种方法：

① 单击工具栏上的"旋转"按钮↻；

② 选择"修改"菜单的"旋转"命令；

③ 在命令行中输入 ROTATE 或者 RO 命令；

④ 选择要旋转的对象，在绘图区域单击鼠标右键，在打开的快捷菜单中选择"旋转"。

执行"旋转"命令时，还有其他的选项方式，下面做简单介绍。

◆ 复制(C)：使用该选项，用户可以创建一个原始对象的副本，即最终得到两个对象，一个在原始位置上，而另一个则位于新的旋转角度上。

◆ 参照(R)：使用该选项，用户可以为对象指定绝对旋转角度，即先输入一个角度或通过拾取两个点来指定一个参照角度，再输入或拾取一个新的角度或者通过指定两个点来确定新的角度。

【**实训九**】使用"旋转"命令将图 3-13(a)中的椭圆图形旋转-45°,如图 3-13(b)所示,再将旋转后的图形进行复制旋转(即保留源对象),效果如图 3-13(c)所示。

(a) 待旋转图形　　　　(b) 第一次旋转后图形　　　　(c) 复制旋转后图形

图 3-13　旋转图形对象

操作步骤:

① 绘制如图 3-13(a)所示椭圆形,轴长分别为 280 和 160。

② 单击工具栏上的"旋转"命令按钮 🔾,或者选择菜单栏"修改"|"旋转",启动"旋转"命令。命令提示过程如下:

命令:_rotate

UCS 当前的正角方向:　ANGDIR=逆时针　ANGBASE=0

找到 1 个　　　　　　　　　　//选择 3-13(a)中的椭圆为旋转的对象

指定基点:　　　　　　　　　　//指定椭圆的中心点为基点进行旋转

指定旋转角度,或 [复制(C)/参照(R)]＜45＞:　-45 //输入旋转角度-45°,退出旋转命令

③ 再一次启动"旋转"命令,AutoCAD 提示如下:

命令:_rotate

UCS 当前的正角方向:　ANGDIR=逆时针　ANGBASE=0

选择对象:找到 1 个　　　　　　　//选择图 3-13(b)中的椭圆形为旋转对象

选择对象:　　　　　　　　　　//按空格键继续执行旋转命令

指定基点:　　　　　　　　　　//选择椭圆形的中心点作为基点

指定旋转角度,或 [复制(C)/参照(R)]＜315＞:　c //输入 C 按照复制源对象方式旋转图形

旋转一组选定对象。

指定旋转角度,或 [复制(C)/参照(R)]＜315＞:　90 //输入旋转角度 90°,退出旋转命令

④ 复制旋转后的效果如图 3-13(c)所示。

(三) 使用对象捕捉及正交命令移动、旋转对象

在绘制或者编辑图形对象时,用户往往使用系统提供的辅助绘图命令进行创建图形,而对象捕捉和正交功能是使用比较频繁的两个命令。对象捕捉能够帮助用户迅速定位图形对象上的特殊点(如中点、端点、圆心、交点等),这样可以极大地提高绘图速度。正交功能可以帮助用户进行水平和垂直方向上的图形对象的绘制和编辑,能够提高绘图精度。

【**实训十**】使用辅助绘图命令,将图 3-14(a)中的图形进行旋转和移动,编辑图形对象之后的效果如图 3-14(c)所示。

操作步骤:

① 绘制一个正三角形并且复制,然后采用三点法(以其中一个三角形的三个顶点作为圆上的点)绘制一个圆形,效果如图 3-14(a)所示。

② 打开状态栏的"对象捕捉"和"正交"功能按钮。

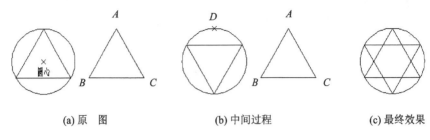

(a) 原　图　　　　　　　(b) 中间过程　　　　　　(c) 最终效果

图 3 - 14　实训十

③ 单击工具栏上的"旋转"命令按钮⟳，或者选择菜单栏"修改"|"旋转"，启动旋转命令。将图 3-14(a)中圆内的三角形以圆心作为基点进行旋转，旋转后的效果如图 3-14(b)所示。

④ 单击工具栏上的"移动"命令按钮✛，或者选择菜单栏"修改"|"移动"，启动移动命令。将圆外的三角形，以点 A 为基点，进行移动，移动至 D 点，至此，完成任务，效果如图 3-14(c)所示。

任务六　延伸及拉伸对象

(一) 延伸线条

"延伸"命令可以将选定的对象延伸到指定的边界上。可以被延伸的对象有直线、射线、圆弧、椭圆弧、非封闭的二维或三维多段线等。激活"延伸"命令有以下三种方法：

① 单击工具栏上的"延伸"按钮⟶╱；

② 选择"修改"菜单的"延伸"命令；

③ 在命令行中输入 EXTEND 或者 EX 命令。

执行"延伸"命令时，还有其他的选项方式，下面做简单介绍。

◆ 栏选(F)：用户绘制连续折线，与折线相交的对象被延伸。要确保每个对象的拾取位置都处于需延伸对象的末端处。

◆ 窗交(C)：利用交叉窗口选择对象。

◆ 投影(P)：该选项只用于三维模型。在三维空间作图时，用户可通过该选项将两个交叉对象投影到 XOY 平面或当前视图平面内执行延伸操作。

◆ 边(E)：该选项控制是否把对象延伸到隐含边界。当边界边太短、延伸对象后不能与其直接相交时，就打开此选项，此时 AutoCAD 假想将边界边延长，然后使延伸边伸长到与边界相交的位置。

◆ 放弃(U)：取消上一次操作。

【实训十一】将图 3-15(a)中的五条线段 OA、OB、OC、OD、OE 分别延伸至圆边界，使五条线段的五个端点 A、B、C、D、E 分别与圆相交，效果如图 3-15(b)所示。

操作步骤：

① 调用"圆"、"直线"和"环形阵列"命令绘制图 3-15(a)。

② 单击工具栏上的"延伸"命令按钮⟶╱，或者选择菜单栏"修改"|"延伸"，启动"延伸"命令。命令提示过程如下：

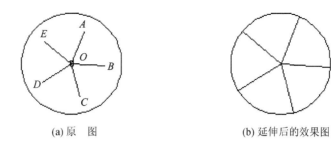

(a) 原 图　　　　　　　　(b) 延伸后的效果图

图 3 - 15　延伸图形对象

命令：_extend
当前设置：投影＝UCS,边＝无
选择边界的边…
选择对象或＜全部选择＞：　找到 1　个　　　　//选择图 3 - 15(a)中的圆作为延伸的边界
选择对象：　　　　　　　　　　　　　　　　//按空格键回到原图选择要延伸的对象
选择要延伸的对象,或按住 Shift　键选择要修剪的对象,或
[栏选(F)/窗交(C)/投影(P)/边(E)/放弃(U)]：　　//指定 A 点处为延伸端,将 OA 延伸至圆边界
选择要延伸的对象,或按住 Shift　键选择要修剪的对象,或
[栏选(F)/窗交(C)/投影(P)/边(E)/放弃(U)]：　　//指定 B 点处为延伸端,将 OB 延伸至圆边界
选择要延伸的对象,或按住 Shift　键选择要修剪的对象,或
[栏选(F)/窗交(C)/投影(P)/边(E)/放弃(U)]：　　//指定 C 点处为延伸端,将 OC 延伸至圆边界
选择要延伸的对象,或按住 Shift　键选择要修剪的对象,或
[栏选(F)/窗交(C)/投影(P)/边(E)/放弃(U)]：　　//指定 D 点处为延伸端,将 OD 延伸至圆边界
选择要延伸的对象,或按住 Shift　键选择要修剪的对象,或
[栏选(F)/窗交(C)/投影(P)/边(E)/放弃(U)]：　　//指定 E 点处为延伸端,将 OE 延伸至圆边界
选择要延伸的对象,或按住 Shift　键选择要修剪的对象,或
[栏选(F)/窗交(C)/投影(P)/边(E)/放弃(U)]：　　//按空格键退出延伸命令。

③ 延伸后的效果如图 3 - 15(b)所示。

【实训十二】将图 3 - 16(a)中的三条线段 AB、AC、DE 进行延伸,使其分别相交成为三角形,如图 3 - 16(c)所示。

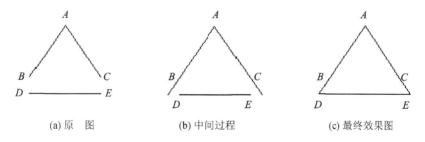

(a) 原 图　　　　　　(b) 中间过程　　　　　　(c) 最终效果图

图 3 - 16　延伸裁切线模式设置

操作步骤：

① 绘制如图 3 - 16(a)所示图形。

② 单击工具栏上的"延伸"命令按钮-/,或者选择菜单栏"修改"|"延伸",启动"延伸"命

令。命令提示过程如下：

> 命令：_extend
> 当前设置:投影=UCS,边=延伸
> 选择边界的边...
> 选择对象或＜全部选择＞：找到 1 个　　　　　　　　　　　　//指定线段 DE 为延伸的边界线
> 选择对象：　　　　　　　　　　　　　　　　　　　　　//按空格键回到原图选择要延伸的对象
> 选择要延伸的对象,或按住 Shift 键选择要修剪的对象,或
> ［栏选(F)/窗交(C)/投影(P)/边(E)/放弃(U)］：e　　　　　//输入选项 E
> 输入隐含边延伸模式［延伸(E)/不延伸(N)］＜延伸＞:e　　//输入选项 E
> 选择要延伸的对象,或按住 Shift 键选择要修剪的对象,或
> ［栏选(F)/窗交(C)/投影(P)/边(E)/放弃(U)］：　　　　　　//指定 B 点处作为延伸端
> 选择要延伸的对象,或按住 Shift 键选择要修剪的对象,或
> ［栏选(F)/窗交(C)/投影(P)/边(E)/放弃(U)］：　　　　　　//指定 C 点处作为延伸端
> 选择要延伸的对象,或按住 Shift 键选择要修剪的对象,或
> ［栏选(F)/窗交(C)/投影(P)/边(E)/放弃(U)］：　　//按空格键退出延伸命令,效果如图 3-16(b)所示。

③ 再次执行"延伸"命令,将线段 DE 两端分别延伸至与线段 AB、AC 相交。

> 命令：　EXTEND
> 当前设置:投影=UCS,边=延伸
> 选择边界的边...
> 选择对象或＜全部选择＞：找到 1 个　　　　　　　　　　　//选择线段 AB 作为延伸边界
> 选择对象：找到 1 个,总计 2 个　　　　　　　　　　　　//选择线段 AC 作为延伸边界
> 选择对象：　　　　　　　　　　　　　　　　　　　　//按空格键回到原图选择要延伸的对象
> 选择要延伸的对象,或按住 Shift 键选择要修剪的对象,或
> ［栏选(F)/窗交(C)/投影(P)/边(E)/放弃(U)］：　　　　　　　//指定 D 点作为延伸端
> 选择要延伸的对象,或按住 Shift 键选择要修剪的对象,或
> ［栏选(F)/窗交(C)/投影(P)/边(E)/放弃(U)］：　　　　　　　//指定 E 点作为延伸端
> 选择要延伸的对象,或按住 Shift 键选择要修剪的对象,或
> ［栏选(F)/窗交(C)/投影(P)/边(E)/放弃(U)］：　　//按空格键退出延伸命令,效果如图 3-16(c)所示。

注意:延伸对象时要注意延伸端的选择,如实训十一中,若选择点 O 处作为延伸端,则线段将会向相反的方向作延伸。

（二）拉伸图形对象

"拉伸"命令可以使图形对象在某个方向上拉长或者缩短,能够改变被拉伸对象的形状,但是使用拉伸命令时,必须用交叉窗口的方式来选择被拉伸的对象,只有与交叉窗口相交且被选中的对象才能被拉伸。如果对象完全被选中,那么全部对象只能被移动,而不能够被拉伸,此时拉伸命令相当于移动命令。可以被拉神的对象有圆弧、椭圆弧、直线、样条曲线、矩形等。激活"拉伸"命令有以下三种方法：

① 单击工具栏上的"拉伸"按钮⬜;
② 选择"修改"菜单的"拉伸"命令;
③ 在命令行中输入 STRETCH 或者 S 命令;

【**实训十三**】将图 3 – 17(a)中的图形进行正交拉伸,拉伸之后的效果如图 3 – 17(d)所示。

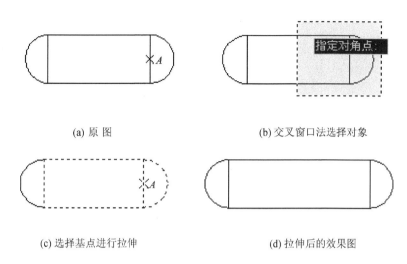

(a) 原 图   (b) 交叉窗口法选择对象

(c) 选择基点进行拉伸   (d) 拉伸后的效果图

图 3 – 17 正交拉伸

操作步骤:

① 绘制如图 3 – 17(a)所示的图形。

② 单击工具栏上的"拉伸"命令按钮 ，或者选择菜单栏"修改"|"拉伸",启动"拉伸"命令。命令提示过程如下:

命令:_stretch

以交叉窗口或交叉多边形选择要拉伸的对象…

选择对象:指定对角点:找到 4 个　　　　　//以交叉窗口法选择拉伸对象,如图 3 – 17(b)所示

选择对象:　　　　　　　　　　　　　　　//按空格键回到原图继续执行拉伸命令

指定基点或［位移(D)］<位移>:　　　　　//指定 A 点作为基点进行拉伸

指定第二个点或 <使用第一个点作为位移>: 500 //指定位移为 500 mm

③ 拉伸后的效果如图 3 – 17(d)所示。

【**实训十四**】仍以图 3 – 17(a)为例,以一定角度拉伸图形对象。

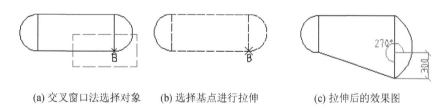

(a) 交叉窗口法选择对象   (b) 选择基点进行拉伸   (c) 拉伸后的效果图

图 3 – 18 以一定角度拉伸对象

操作步骤:

① 单击工具栏上的"拉伸"命令按钮 ，或者选择菜单栏"修改"|"拉伸",启动拉伸命令。命令提示过程如下:

命令：_stretch

以交叉窗口或交叉多边形选择要拉伸的对象...

选择对象：指定对角点：找到 2 个 　　　//以交叉窗口法选择拉伸对象,如图 3 - 18(a)所示

选择对象：　　　　　　　　　　　　//按空格键回到原图继续执行拉伸命令

指定基点或［位移(D)］＜位移＞：　　//指定 B 点作为基点进行拉伸

指定第二个点或＜使用第一个点作为位移＞：@300＜270

　　　　　　　　　　　　　　　　//指定位移增量的长度和角度,如图 3 - 18(c)所示。

② 拉伸后的效果如图 3 - 18(c)所示。

注意:执行拉伸命令时,必须以交叉窗口的方式选择被拉伸对象,只有交叉窗口内的对象才被拉伸,交叉窗口以外的端点保持不动。另外,拉伸圆弧时,其弦高保持不变,能够调整的是圆心的位置和圆弧起始角、终止角的值。

任务七　修剪及打断对象

(一) 修剪线条

"修剪"命令可以将选定的对象在剪切边某一侧的部分剪切掉,而且剪切边与被修剪的对象必须处于相交的状态。可以被修剪的对象包括:直线、射线、圆弧、多段线、样条曲线等。激活"修剪"命令有以下三种方法:

① 单击工具栏上的"修剪"按钮 -/--;

② 选择"修改"菜单的"修剪"命令;

③ 在命令行中输入 TRIM 或者 TR 命令。

执行"修剪"命令时,还有其他的选项方式,下面做简单介绍。

◆ 栏选(F):用围栏的方式选择要修剪的对象,选中的是剪切边界以外的与栏选线相交的对象,栏选线与对象的交点为修剪点。栏选点可以为多个,且栏选线不构成闭合环。

◆ 窗交(C):使用矩形区域选择修剪对象,矩形边框线与对象的交点为修剪点,矩形区域内部或者与之相交的对象将被修剪掉。

◆ 边(E):该选项用于设置边界是否沿着其本身的趋势延伸,包括"延伸"和"不延伸"两种方式。"延伸"就是延伸边未与剪切对象相交,系统假设是相交的,并顺着延伸边的延长方向将剪切对象修剪掉。"不延伸"就是只修剪实际上相交的对象,对于不相交的边则不进行修剪。

◆ 删除(R):可以在不退出"修剪"命令的情况下删除不需要的对象。

◆ 放弃(U):放弃最近一次的修剪操作。

【实训十五】使用修剪命令,将图 3 - 19(a)修改为图 3 - 19(d)。

操作步骤:

单击工具栏上的"修剪"命令按钮 -/--,或者选择菜单栏"修改"|"修剪",启动"修剪"命令。命令提示过程如下:

命令：_trim

当前设置：投影＝UCS,边＝延伸

选择剪切边...

选择对象或＜全部选择＞：　找到 1 个

选择对象：找到 1 个,总计 2 个

选择对象：找到 1 个,总计 3 个

选择对象：找到 1 个,总计 4 个　　　　　　//分别指定图 3-19(b)中的四条虚线作为剪切边

选择对象：

选择要修剪的对象,或按住 Shift 键选择要延伸的对象,或

[栏选(F)/窗交(C)/投影(P)/边(E)/删除(R)/放弃(U)]：//单击要修剪掉的第一条多余边,如图 3-
　　　　　　　　　　　　　　　　　　　　　19(c)所示

选择要修剪的对象,或按住 Shift 键选择要延伸的对象,或

[栏选(F)/窗交(C)/投影(P)/边(E)/删除(R)/放弃(U)]：//单击要修剪掉的第二条多余边,如图 3-
　　　　　　　　　　　　　　　　　　　　　19(c)所示

选择要修剪的对象,或按住 Shift 键选择要延伸的对象,或

[栏选(F)/窗交(C)/投影(P)/边(E)/删除(R)/放弃(U)]：//单击要修剪掉的第三条多余边,如图 3-
　　　　　　　　　　　　　　　　　　　　　19(c)所示

选择要修剪的对象,或按住 Shift 键选择要延伸的对象,或

[栏选(F)/窗交(C)/投影(P)/边(E)/删除(R)/放弃(U)]：//修剪第四条多余边,如图 3-19(c)所示

选择要修剪的对象,或按住 Shift 键选择要延伸的对象,或

[栏选(F)/窗交(C)/投影(P)/边(E)/删除(R)/放弃(U)]：//修剪第五条多余边,如图 3-19(c)所示

选择要修剪的对象,或按住 Shift 键选择要延伸的对象,或

[栏选(F)/窗交(C)/投影(P)/边(E)/删除(R)/放弃(U)]：//修剪第六条多余边,如图 3-19(c)所示

选择要修剪的对象,或按住 Shift 键选择要延伸的对象,或

[栏选(F)/窗交(C)/投影(P)/边(E)/删除(R)/放弃(U)]：//修剪第七条多余边,如图 3-19(c)所示

选择要修剪的对象,或按住 Shift 键选择要延伸的对象,或

[栏选(F)/窗交(C)/投影(P)/边(E)/删除(R)/放弃(U)]：//修剪第八条多余边,如图 3-19(c)所示

选择要修剪的对象,或按住 Shift 键选择要延伸的对象,或

[栏选(F)/窗交(C)/投影(P)/边(E)/删除(R)/放弃(U)]：//按 ENTER 键,完成并退出修剪命令

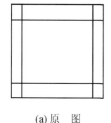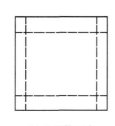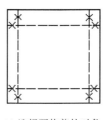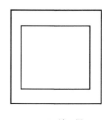

| (a)原　图 | (b)选择剪切边 | (c)选择要修剪的对象 | (d)结　果 |

图 3-19　修剪图形对象

【实训十六】栏选修剪对象,修剪结果如图 3-20(c)所示。

操作步骤：

① 使用绘图命令绘制如图 3-20(a)所示图形。

② 单击工具栏上的"修剪"命令按钮 ┵,或者选择菜单栏"修改"|"修剪",启动"修剪"命

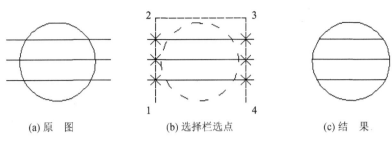

(a)原　图　　　　　(b)选择栏选点　　　　　(c)结　果

图 3 - 20　栏选修剪对象

令。命令提示过程如下：

```
命令：_trim
当前设置：投影＝UCS,边＝延伸
选择剪切边...
选择对象或 <全部选择>：　找到 1 个                    //选择圆作为剪切边
选择对象：
选择要修剪的对象,或按住 Shift 键选择要延伸的对象,或
[栏选(F)/窗交(C)/投影(P)/边(E)/删除(R)/放弃(U)]：f
                                         //输入 F 选择栏选方式
指定第一个栏选点：
指定下一个栏选点或 [放弃(U)]：              //指定图 3 - 20(b)中点 1 作为栏选第一点
指定下一个栏选点或 [放弃(U)]：              //指定图 3 - 20(b)中点 2 作为栏选第二点
指定下一个栏选点或 [放弃(U)]：              //指定图 3 - 20(b)中点 3 作为栏选第三点
指定下一个栏选点或 [放弃(U)]：              //指定图 3 - 20(b)中点 4 作为栏选第四点
选择要修剪的对象,或按住 Shift 键选择要延伸的对象,或
[栏选(F)/窗交(C)/投影(P)/边(E)/删除(R)/放弃(U)]：//按 ENTER 键完成修剪,如图 3 - 20(c)
```

【实训十七】延伸剪切线方式修剪对象,修剪后效果如图 3 - 21(c)所示。

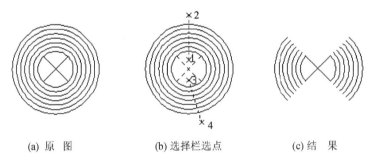

(a)原　图　　　　　(b)选择栏选点　　　　　(c)结　果

图 3 - 21　延伸剪切线模式

操作步骤：

① 使用绘图命令绘制如图 3 - 21(a)所示图形。

② 单击工具栏上的"修剪"命令按钮，或者选择菜单栏"修改"|"修剪"，启动"修剪"命令。命令提示过程如下：

命令：_trim

当前设置：投影＝UCS,边＝延伸

选择剪切边…

选择对象或＜全部选择＞：　找到 1 个

选择对象：找到 1 个,总计 2 个　//指定图 3 - 21(a)中内圆里面的两条交叉直线作为剪切边

选择对象：

选择要修剪的对象,或按住 Shift 键选择要延伸的对象,或

[栏选(F)/窗交(C)/投影(P)/边(E)/删除(R)/放弃(U)]：　e　　　　//输入选项 E

输入隐含边延伸模式 [延伸(E)/不延伸(N)]＜延伸＞：e　　　　　//输入 E 选择剪切边延伸模式

选择要修剪的对象,或按住 Shift 键选择要延伸的对象,或

[栏选(F)/窗交(C)/投影(P)/边(E)/删除(R)/放弃(U)]：　f　　　　//输入选项 F

指定第一个栏选点：　　　　　　　　　　　//指定图 3 - 21(b)中的点 1 作为第一个栏选点

指定下一个栏选点或 [放弃(U)]：　　　　　//指定图 3 - 21(b)中的点 2 作为第二个栏选点

指定下一个栏选点或 [放弃(U)]：　　　//按 ENTER 键完成第一次修剪并继续执行修剪命令

选择要修剪的对象,或按住 Shift 键选择要延伸的对象,或

[栏选(F)/窗交(C)/投影(P)/边(E)/删除(R)/放弃(U)]：　f　　　　　　　//输入选项 F

指定第一个栏选点：　　　　//指定图 3 - 21(b)中的点 3 作为第一个栏选点

指定下一个栏选点或 [放弃(U)]：　　//指定图 3 - 21(b)中的点 4 作为第二个栏选点

指定下一个栏选点或 [放弃(U)]：　　//按 ENTER 键完成第二次修剪并继续执行修剪命令

选择要修剪的对象,或按住 Shift 键选择要延伸的对象,或

[栏选(F)/窗交(C)/投影(P)/边(E)/删除(R)/放弃(U)]：　　　　//按 ENTER 键退出修剪命令

③ 修剪后的效果如图 3 - 21(c)所示。

注意：使用修剪命令时,被修剪的对象与剪切边必须处于相交状态。

(二) 打　断

"打断"命令(break)用于打断图形对象,可以将图形对象的某一段(部分)删除,也可以将图形对象打断成为两个对象。该命令可以作用于直线、射线、圆弧、圆、二维或三维多段线和构造线等。激活"打断"命令有以下三种方法：

① 单击工具栏上的"打断"按钮▢；

② 选择"修改"菜单的"打断"命令；

③ 在命令行中输入 BREAK 或者 BR 命令。

【实训十八】将图 3 - 22(a)中的圆在 1、2 两点处打断,效果如图 3 - 22(b)所示。

操作步骤：

① 使用绘图命令绘制如图 3 - 22(a)所示图形。

② 单击工具栏上的"打断"命令按钮▢,或者选择菜单栏"修改"|"打断",启动"打断"命令。命令提示过程如下：

命令：_break 选择对象：　　　//选择图 3 - 22(a)中的圆作为打断的对象

指定第二个打断点 或 [第一点(F)]：f //输入选项 F

指定第一个打断点：　　　　　//按逆时针方向打断,指定点 1 为第一打断点

指定第二个打断点：　　　　　//指定点 2 为第二打断点

③ 打断后的效果如图 3 - 22(b)所示。

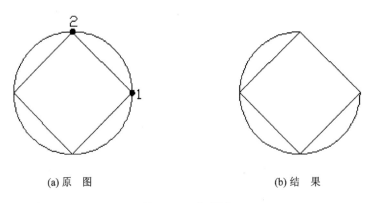

(a) 原　图 　　　　　　　　　　　　　(b) 结　果

图 3 - 22　打断圆

【实训十九】以直线为例,介绍"@"的用法。

操作步骤:

① 在绘图区域绘制一条直线。

② 单击工具栏上的"打断"命令按钮 ▣ ,或者选择菜单栏"修改"|"打断",启动"打断"命令。命令提示过程如下:

命令:_break 选择对象: 　　　　//指定 3 - 23(a)中的直线,且 A 点为拾取点

指定第二个打断点 或 [第一点(F)]:@ 　//输入相对坐标@,则第二打断点仍为 A 点

③ 结果如图 3 - 23(b)所示。

(a) 原　图 　　　　　　　　　　　　　(b) 结　果

图 3 - 23　打断直线

注意:打断命令将会删除对象上第一点和第二点之间的部分,第一点是选取该对象时的拾取点或者用户重新指定的点,第二点是用户指定的点。

如果用户要将一个图形一分为二而不删除其中的任何部分,可以将图形上的第一打断点和第二打断点指定为同一个点,此时,在指定第二打断点时只需要输入"@"即可。圆不能用这种方法进行打断,它只适用于两点打断的方式。

(三) 打断于点

"打断于点"命令属于打断命令的一种,即将图形对象一分为二,而不删除对象,作用与上一小节中介绍的"@"的作用是相同的。激活"打断于点"命令,可以单击工具栏上的"打断于点"按钮 ▣ 。

【实训二十】将图 3 - 24(a)中的圆弧在点 1 处进行打断,效果如图 3 - 24(b)所示。

操作步骤:

① 使用圆弧和直线命令绘制如图 3 - 24(a)所示图形。

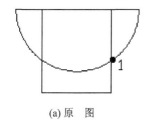 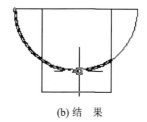

(a)原　图　　　　　　　　　　　(b)结　果

图 3 - 24　圆弧打断于点

② 单击工具栏上的"打断于点"命令按钮，启动"打断于点"命令。命令提示过程如下：

> 命令：_break 选择对象：　　　//指定图 3 - 24(a)中的圆弧为打断对象
> 指定第二个打断点 或 [第一点(F)]：_f
> 指定第一个打断点：　　　　　　//指定点 1 为打断点
> 指定第二个打断点：@　　　　　//自动跳出打断于点命令

③ 结果如图 3 - 24(b)所示。

任务八　拉长及比例缩放对象

(一) 拉长线条

"拉长"命令用于改变对象的长度(可以拉长，也可以缩短)，可以被拉长的对象有直线、圆弧、椭圆弧、开放的多段线和开放的样条曲线(开放的样条曲线只能被缩短)。激活"拉长"命令有以下两种方法：

① 选择"修改"菜单的"拉长"命令；

② 在命令行中输入 LENGTHEN 命令。

执行"拉长"命令时，还有其他的选项方式，下面做简单介绍。

◆ 增量(DE)：按照输入的值增加或缩短对象的长度，正值增加对象的长度，负值缩短对象的长度。

◆ 百分数(P)：按照输入的百分比调整对象的长度。

◆ 全部(T)：按照输入的值调整对象的总长度。

◆ 动态(DY)：动态控制终点位置。

【实训二十一】使用拉长命令将图 3 - 25(a)中的指定对象进行拉长，拉长后的效果如图 3 - 25(b)所示。

操作步骤：

① 使用绘图命令绘制如图 3 - 25(a)所示图形，其中圆的半径为 500，直线长度都为 800。

② 在命令行中输入 LENGTHEN 或者 LEN 命令，启动"拉长"命令，命令提示过程如下：

◆ 按照长度增(减)量调整直线 CD 的长度：

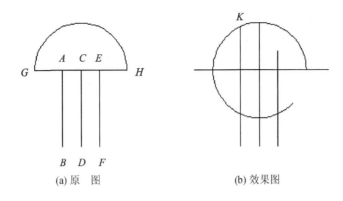

(a) 原　图　　　　　　　　　　　　　(b) 效果图

图 3 - 25　拉长图形对象

```
命令：len
LENGTHEN
选择对象或［增量(DE)/百分数(P)/全部(T)/动态(DY)］：de      //输入 DE 增量模式
输入长度增量或［角度(A)］<500.0000>：500                //输入长度增量值 500
选择要修改的对象或［放弃(U)］：                          //指定拉长端 C
选择要修改的对象或［放弃(U)］：                          //按空格键退出拉长命令
```

◆ 按照角度增(减)量调整圆弧的长度：

```
命令：len
LENGTHEN
选择对象或［增量(DE)/百分数(P)/全部(T)/动态(DY)］：de      //输入 DE 增量模式
输入长度增量或［角度(A)］<500.0000>：a                  //输入选项 A,角度增量模式
输入角度增量<135>：135                                //输入角度增量值 135
选择要修改的对象或［放弃(U)］：                          //指定圆弧拉长端 G
选择要修改的对象或［放弃(U)］：                          //按空格键退出拉长命令
```

◆ 按照动态模式调整直线 AB 的长度：

```
命令： LENGTHEN
选择对象或［增量(DE)/百分数(P)/全部(T)/动态(DY)］：dy      //输入选项 DY
选择要修改的对象或［放弃(U)］：                          //指定直线 AB 拉长端 A
指定新端点： <对象捕捉 关> <正交 关>                    //指定新端点 K
选择要修改的对象或［放弃(U)］：                          //按空格键退出拉长命令
```

◆ 按照全部模式调整直线 EF 的长度：

```
命令：len LENGTHEN
选择对象或［增量(DE)/百分数(P)/全部(T)/动态(DY)］：t      //输入选项 T
指定总长度或［角度(A)］<1200.0000)：1000               //输入直线 EF 拉长后的总长度为 1 000
选择要修改的对象或［放弃(U)］：                          //指定拉长端 E
选择要修改的对象或［放弃(U)］：                          //按空格键退出拉长命令
```

◆ 按照百分数模式调整直线 GH 的长度：

```
命令：len
LENGTHEN
选择对象或［增量(DE)/百分数(P)/全部(T)/动态(DY)］：p          //输入选项 P
输入长度百分数 <120.0000>：120                              //输入 120，即拉长后的直线长度为
                                                         //原来直线长度的120%，即 1.2 倍
选择要修改的对象或［放弃(U)］：                               //指定拉长端 G
选择要修改的对象或［放弃(U)］：                               //指定拉长端 H
选择要修改的对象或［放弃(U)］：                               //按空格键退出拉长命令
```

（二）按比例缩放图形对象

"比例缩放"命令，用于将图形对象按比例相对于基点进行放大或者缩小。激活"比例缩放"命令有以下三种方法：

① 单击工具栏上的"缩放"按钮；

② 选择"修改"菜单的"缩放"命令；

③ 在命令行中输入 SCALE 或者 SC 命令。

执行"比例缩放"命令时，还有其他的选项方式，下面做简单介绍。

◆ 复制(C)：将原图形对象进行比例缩放的同时，保留原图形对象，类似于复制。

◆ 参照(R)：按照参照长度和指定的新长度缩放所选对象。

【实训二十二】将图 3 - 26(a)中指定的图形对象分别按照复制模式和参照模式进行比例缩放，缩放后的效果如图 3 - 26(b)和 3 - 26(c)所示。

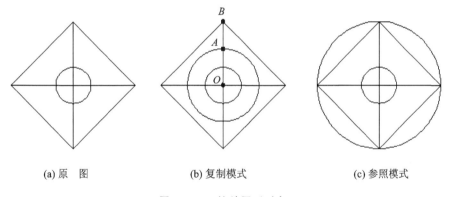

(a) 原　图　　　　　(b) 复制模式　　　　　(c) 参照模式

图 3 - 26　缩放图形对象

操作步骤：

① 绘制如图 3 - 26(a)所示的图形。

② 单击工具栏上的"缩放"命令按钮，启动"比例缩放"命令。命令提示过程如下：

◆ 复制模式缩放对象：

```
命令：_scale
选择对象：找到 1 个
选择对象：                               //指定图 3 - 26(a)中的圆作为缩放的原对象
指定基点：                               //指定圆心作为缩放的基点
指定比例因子或［复制(C)/参照(R)］<1.0000>：c    //输入选项 C，复制模式
```

缩放一组选定对象。

指定比例因子或［复制(C)/参照(R)］＜1.0000＞：2

//输入缩放比例为 2,将圆放大一倍并留原对象,如图 3-26(b)所示

◆ 参照模式缩放对象：

命令：_scale

选择对象：找到 1 个

选择对象： //指定图 3-26(b)的大圆作为缩放的对象

指定基点： //指定圆心作为缩放的基点

指定比例因子或［复制(C)/参照(R)］＜2.0000＞：r //输入选项 R,参照模式

指定参照长度＜1.0000＞：指定第二点： //输入旧长度或者指定参照长度点 O 和 A

指定新的长度或［点(P)］＜1.0000＞： //输入新长度或者指定参照长度点 B,

//缩放的效果如图 3-26(c)所示

任务九　圆角及倒角

(一) 圆　角

"圆角"命令可以为图形对象加圆角,或者用一段圆弧平滑地连接两个线性对象,被连接的对象可以是直线、圆弧、二维多段线以及椭圆弧等。激活"圆角"命令有以下三种方法：

① 鼠标左键单击工具栏上的"圆角"按钮；

② 选择"修改"菜单的"圆角"命令；

③ 在命令行中输入"FILLET"或者"F"命令。

执行"圆角"命令时,还有其他的选项方式,下面做简单介绍。

◆ 多段线(P)：用于对二维多段线加圆角。

◆ 半径(R)：用于确定圆角半径。

◆ 修剪(T)：修整线段,用于确定圆角操作的修剪模式。其中,"修剪"选项表示在加圆角的同时对相应的两个对象进行修剪,"不修剪"选项表示不进行修剪。

◆ 多个(M)：多个选择边倒圆角。

【实训二十三】将图 3-27(a)中的图形使用不同的方式倒圆角。

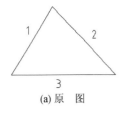

(a) 原　图

(b) 修剪模式倒圆角

(c) 不修剪模式倒圆角

图 3-27　对象圆角

◆ 修剪模式倒圆角：

命令：_fillet

当前设置：模式 = 修剪,半径 = 0.0000

选择第一个对象或［放弃(U)/多段线(P)/半径(R)/修剪(T)/多个(M)］：m //输入选项 M,多个

//对象倒圆角

选择第一个对象或 [放弃(U)/多段线(P)/半径(R)/修剪(T)/多个(M)]:r　　　　//输入选项 R

指定圆角半径 <0.0000>:50　　　　　　　　　　　　　　　　　　　　　　//输入圆角半径值50

选择第一个对象或 [放弃(U)/多段线(P)/半径(R)/修剪(T)/多个(M)]:　　　　　//指定直线 1

选择第二个对象,或按住 Shift 键选择要应用角点的对象:　　　　　　　　//指定直线 2

选择第一个对象或 [放弃(U)/多段线(P)/半径(R)/修剪(T)/多个(M)]:　　　　　//指定直线 2

选择第二个对象,或按住 Shift 键选择要应用角点的对象:　　　　　　　　//指定直线 3

选择第一个对象或 [放弃(U)/多段线(P)/半径(R)/修剪(T)/多个(M)]:　　　　　//指定直线 3

选择第二个对象,或按住 Shift 键选择要应用角点的对象:　　　　　　　　//指定直线 1

选择第一个对象或 [放弃(U)/多段线(P)/半径(R)/修剪(T)/多个(M)]:

　　　　　　　　　　　　　　　　　　　　//按 Enter 键退出该命令,结果如图 3-27(b)所示

◆ 不修剪模式倒圆角:

命令:_fillet

当前设置:模式 = 修剪,半径 = 0.0000

选择第一个对象或 [放弃(U)/多段线(P)/半径(R)/修剪(T)/多个(M)]:t　　　　//输入选项 T

输入修剪模式选项 [修剪(T)/不修剪(N)] <修剪>:n　　　　　　　　　　//输入选项 n,选择不

　　　　　　　　　　　　　　　　　　　　　　　　　　　　　　　　//修剪模式

选择第一个对象或 [放弃(U)/多段线(P)/半径(R)/修剪(T)/多个(M)]:r　　　　//输入选项 R

指定圆角半径 <0.0000>:50　　　　　　　　　　　　　　　　　　　　　　//指定圆角半径为 50

选择第一个对象或 [放弃(U)/多段线(P)/半径(R)/修剪(T)/多个(M)]:m //输入选项 M

选择第一个对象或 [放弃(U)/多段线(P)/半径(R)/修剪(T)/多个(M)]:　　　　　//指定直线 1

选择第二个对象,或按住 Shift 键选择要应用角点的对象:　　　　　　　　//指定直线 2

选择第一个对象或 [放弃(U)/多段线(P)/半径(R)/修剪(T)/多个(M)]:　　　　　//指定直线 2

选择第二个对象,或按住 Shift 键选择要应用角点的对象:　　　　　　　　//指定直线 3

选择第一个对象或 [放弃(U)/多段线(P)/半径(R)/修剪(T)/多个(M)]:　　　　　//指定直线 3

选择第二个对象,或按住 Shift 键选择要应用角点的对象:　　　　　　　　//指定直线 1

选择第一个对象或 [放弃(U)/多段线(P)/半径(R)/修剪(T)/多个(M)]:

　　　　　　　　　　　　　　　　　　　　　　　　　　//按 Enter 键退出该命令,

　　　　　　　　　　　　　　　　　　　　　　　　　　//结果如图 3-27(c)所示

注意:在使用"圆角"命令时,圆角半径不能过大;如果在两条平行线间使用"圆角"命令,系统则默认圆角半径为两条平行线距离的一半。另外,圆弧与直线之间也可以倒圆角。

(二) 倒　角

"倒角"命令主要用于为两条非平行直线倒角,即利用一条直线将某些对象的尖锐角切掉,在机械领域有减小应力,减少零件的疲劳强度,从而延长其使用寿命的作用。可以进行倒角的对象有直线、多段线、射线和构造线等。激活"倒角"命令有以下三种方法:

① 单击工具栏上的"倒角"按钮；

② 选择"修改"菜单的"倒角"命令；

③ 在命令行中输入 CHAMFER 或者 CHA 命令。

执行"倒角"命令时,还有其他的选项方式,下面做简单介绍。

◆ 多段线(P):对整个二维多段线进行倒角。

◆ 距离(D):设置倒角顶点至两条选定边端点的距离,两个倒角距离可以相等也可以不等。系统默认的倒角距离为"0"。

◆ 角度(A):根据一个倒角距离和一个角度进行倒角。

◆ 修剪(T):倒角后,确定是否对相应的倒角边进行修剪,"修剪"选项表示倒角后对倒角边进行修剪,"不修剪"选项则不进行修剪。

◆ 方式(E):确定按什么方式进行倒角。

◆ 多个(M):同时对多个对象进行倒角。

【实训二十四】将图 3-28(a)中的矩形使用不同的方式进行倒角。

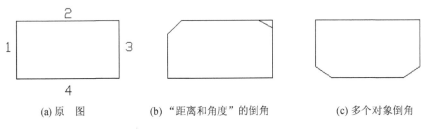

(a) 原　图　　　　　(b) "距离和角度"的倒角　　　　　(c) 多个对象倒角

图 3-28　对象倒角

操作步骤:

① 绘制一个大小为 450×250 的矩形,如图 3-28(a)所示。

② 单击工具栏上的"倒角"命令按钮　,启动"倒角"命令。命令提示过程如下:

◆ 距离模式倒角:

命令:_chamfer
("不修剪"模式) 当前倒角距离 1 = 30.0000,距离 2 = 50.0000
选择第一条直线或 [放弃(U)/多段线(P)/距离(D)/角度(A)/修剪(T)/方式(E)/多个(M)]:　t
　　　　　　　　　　　　　　　　　　　　　　　　　　//输入选项 T,选择修剪模式
输入修剪模式选项 [修剪(T)/不修剪(N)]<不修剪>:t
　　　　　　　　　　　　　　　　　　　　　　　　　　//输入选项 T,修剪对象倒角
选择第一条直线或 [放弃(U)/多段线(P)/距离(D)/角度(A)/修剪(T)/方式(E)/多个(M)]:　d
　　　　　　　　　　　　　　　　　　　　　　　　//输入选项 D,选择距离模式倒角
指定第一个倒角距离 <30.0000>:60　　　　//指定第一个倒角距离为 60
指定第二个倒角距离 <60.0000>:60　　　　//指定第二个倒角距离为 60
选择第一条直线或 [放弃(U)/多段线(P)/距离(D)/角度(A)/修剪(T)/方式(E)/多个(M)]:
　　　　　　　　　　　　　　　　　　　　　　　　//选择直线 1
选择第二条直线,或按住 Shift 键选择要应用角点的直线:
　　　　　　　　　　　　　　　　　　　　//选择直线 2,效果如图 3-28(b)所示

◆ 角度模式倒角:

命令:CHAMFER
("修剪"模式) 当前倒角距离 1 = 50.0000,距离 2 = 70.0000
选择第一条直线或 [放弃(U)/多段线(P)/距离(D)/角度(A)/修剪(T)/方式(E)/多个(M)]:　a
　　　　　　　　　　　　　　　　　　　　　　　//输入选项 A,选择角度模式倒角
指定第一条直线的倒角长度 <60.0000>:60　　　　//输入倒角长度 60

指定第一条直线的倒角角度 <30>：   //输入倒角角度 30

选择第一条直线或［放弃(U)/多段线(P)/距离(D)/角度(A)/修剪(T)/方式(E)/多个(M)］：t

                   //输入选项 T

输入修剪模式选项［修剪(T)/不修剪(N)］<修剪>：n   //输入选项 N,选择不修剪模式

选择第一条直线或［放弃(U)/多段线(P)/距离(D)/角度(A)/修剪(T)/方式(E)/多个(M)］：

                   //选择直线 2

选择第二条直线,或按住 Shift 键选择要应用角点的直线：

                   //选择直线 3

◆ 多个模式倒角：

命令：_chamfer

("修剪"模式) 当前倒角长度 = 60.0000,角度 = 30

选择第一条直线或［放弃(U)/多段线(P)/距离(D)/角度(A)/修剪(T)/方式(E)/多个(M)］：t

                   //输入选项 T

输入修剪模式选项［修剪(T)/不修剪(N)］<修剪>：t

                   //输入选项 T,选择修剪模式

选择第一条直线或［放弃(U)/多段线(P)/距离(D)/角度(A)/修剪(T)/方式(E)/多个(M)］：m

                   //输入选项 M,选择多个模式

选择第一条直线或［放弃(U)/多段线(P)/距离(D)/角度(A)/修剪(T)/方式(E)/多个(M)］：d

                   //输入选项 D

指定第一个倒角距离 <60.0000>：50   //输入第一个倒角距离 50

指定第二个倒角距离 <50.0000>：70   //输入第二个倒角距离 70

选择第一条直线或［放弃(U)/多段线(P)/距离(D)/角度(A)/修剪(T)/方式(E)/多个(M)］：

                   //选择直线 3

选择第二条直线,或按住 Shift 键选择要应用角点的直线：

                   //选择直线 4

选择第一条直线或［放弃(U)/多段线(P)/距离(D)/角度(A)/修剪(T)/方式(E)/多个(M)］：

                   //选择直线 1

选择第二条直线,或按住 Shift 键选择要应用角点的直线：

                   //选择直线 4

选择第一条直线或［放弃(U)/多段线(P)/距离(D)/角度(A)/修剪(T)/方式(E)/多个(M)］：

                   //按空格键退出倒角命令

【实训二十五】多段线倒角,效果如图 3-29(b)所示。

操作步骤：

① 调用多段线命令,绘制如图 3-29(a)所示图形,注意起始点与终止点必须闭合。

② 单击工具栏上的"倒角"命令按钮 ,启动"倒角"命令。命令提示过程如下：

命令：_chamfer

("修剪"模式) 当前倒角距离 1 = 50.0000,距离 2 = 70.0000

选择第一条直线或［放弃(U)/多段线(P)/距离(D)/角度(A)/修剪(T)/方式(E)/多个(M)］：d

                   //输入选项 D

指定第一个倒角距离 <50.0000>：30   //输入第一个倒角距离 30

指定第二个倒角距离 <30.0000>：30   //输入第二个倒角距离 30

选择第一条直线或［放弃(U)/多段线(P)/距离(D)/角度(A)/修剪(T)/方式(E)/多个(M)］：p

                   //输入选项 P

选择二维多段线:
12 条直线已被倒角　　//框选图 3 - 29(a)中的多段线,按空格键完成倒角,效果如图 3 - 29(b)所示

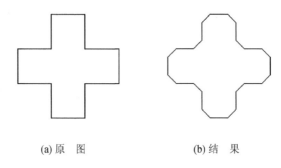

(a)原 图　　　　　　　(b)结 果

图 3 - 29　多段线倒角

注意:对二维多段线进行圆角和倒角时,二维多段线必须是封闭的状态,否则多段线起始点连接处的角不能够实现圆角或倒角操作。另外,如果多段线包含的线段过短以至于无法容纳倒角距离,则不对这些线段倒角。

任务十　分解及合并

(一) 分　解

"分解"命令可以将一个对象分解为几个部分。例如将矩形分解为直线,将多段线分解为组成该多段线的直线和圆弧,将块分解为组成该块的各个对象,将一个尺寸标注分解成线段、箭头和尺寸文字等。分解后的对象可以进行独立编辑。激活"分解"命令有以下三种方法:

① 单击工具栏上的"分解"按钮 ;
② 选择"修改"菜单的"分解"命令;
③ 在命令行中输入 EXPLODE 或者 X 命令。

【实训二十六】将图 3 - 30(a)中的多边形进行分解,分解后的效果如图 3 - 30(b)所示。

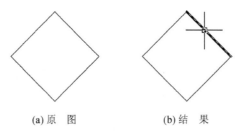

(a)原 图　　　　　　　(b)结 果

图 3 - 30　分解图形对象

操作步骤:
① 调用"正多边形"命令绘制如图 3 - 30(a)所示图形。
② 单击工具栏上的"分解"命令按钮 ,启动"分解"命令。命令提示过程如下:

命令:_explode
选择对象:找到 1 个　　　　//选择图 3 - 30(a)中的正多边形为分解的对象
选择对象:　　　　　　　//按空格键完成并退出分解命令

（二）合 并

合并是分解的反命令,可以将相似的对象合并为一个对象,合并后的对象只能进行整体操作。要合并到的对象被称为源对象,源对象和要合并的对象必须位于相同的平面上。可以进行合并的对象有直线、圆弧、椭圆弧等。激活"合并"命令有以下三种方法:

① 单击工具栏上的"合并"按钮 ➡；

② 选择"修改"菜单的"合并"命令；

③ 在命令行中输入 JOIN 或者 J 命令。

【实训二十七】将图 3-31(a)中的圆弧合并为整圆,结果如图 3-31(b)所示。

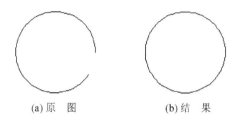

(a)原　图　　　　　　　(b)结　果

图 3-31　合并圆弧

操作步骤:

① 绘制如图 3-31(a)所示圆弧。

② 单击工具栏上的"合并"命令按钮 ➡,启动"合并"命令。命令提示过程如下:

命令:_join 选择源对象:　　　　　　　//选择图 3-31(a)中所示的圆弧

选择圆弧,以合并到源或进行 [闭合(L)]: l　　　//输入选项 L,将圆弧进行闭合

已将圆弧转换为圆

【实训二十八】将图 3-32(a)中被打断的多段线进行合并,结果如图 3-32(b)所示。

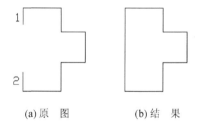

(a)原　图　　　　　　　(b)结　果

图 3-32　合并多段线

操作步骤:

① 调用"多段线"和"打断"命令绘制如图 3-32(a)所示图形,注意多段线的起始点和终止点连接起来即可,无需闭合。

② 单击工具栏上的"合并"命令按钮 ➡,启动"合并"命令。命令提示过程如下:

命令:_join 选择源对象:　　　　　　　//选择直线 1

选择要合并到源的直线: 找到 1 个　　　//选择直线 2

选择要合并到源的直线:　　　　　　　//按空格键完成并退出合并命令

已将 1 条直线合并到源

【实战演练】

利用已学过的绘图和编辑命令,按照下面各图中所标注的尺寸要求,绘制各图形。

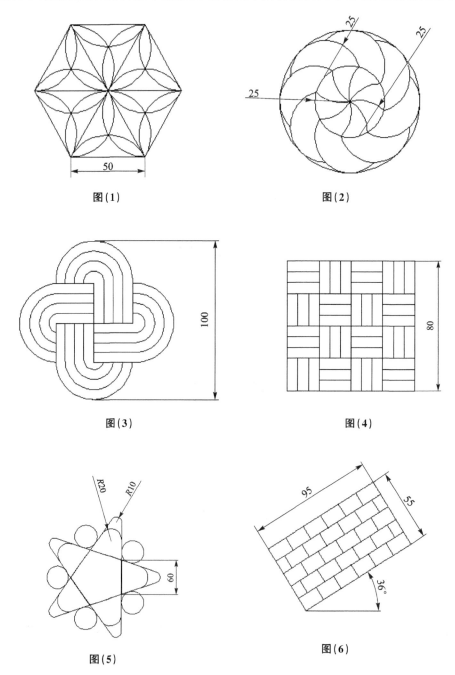

图(1)　　　　　　　　　　图(2)

图(3)　　　　　　　　　　图(4)

图(5)　　　　　　　　　　图(6)

项目四　使用图块及设计中心

任务一　图　块

图块是 AutoCAD 图形设计中心中的一个重要功能,用户利用图块可避免做大量的重复性工作。将重复使用的图形创建为图块,当再次用到该图形时,直接将整体插入到任意指定的位置,还可以对其进行旋转、比例缩放等操作。使用图块时可以在一个图形文件中快速调用部分图形,也可以在不同的图形文件中相互调用,还可以在调用的同时修正参数,从而提高绘图效率。

图块简称块,是绘制在不同图层上的不同特性对象的集合,并按指定名称保存起来,以便随时插入到其他图形中,而不必再重新绘制。

(一) 创建图块

图块分为内部图块和外部图块两种形式。

1. 内部图块

内部图块指只能存在于它本身的图形文件中,不可以在其他文件之间调用。激活"内部图块"命令有以下三种方式:

① 单击"绘图"工具栏上的"创建块"按钮 ;

② 选择"绘图"菜单中"块"命令下的"创建"命令;

③ 在命令行中输入 BLOCK 或者 B 命令。

执行上述任一操作后,都可打开如图 4-1 所示的"块定义"对话框。

该对话框中各个选项组的含义如下:

图 4-1　"块定义"对话框

◆ "名称"文本框:输入块的名称,最多包含 255 个字符,包括字母、数字、空格和下画线,但是,不能使用特殊字符作为块名,如 LIGHT、DIRECT 等。当包含多个内部块时,还可以在下拉列表框中选择已有的块。

◆ "基点"选项组:设置块的插入基点位置。

　　● "在屏幕上指定"复选框:选择该复选框时,单击"确定",将在命令行提示用户指定插入基点。

　　● "拾取点"按钮 :暂时关闭"块定义"对话框,以使用户能在当前图形中拾取插入基点,或直接在 X、Y、Z 文本框中输入坐标值。

◆ "对象"选项组:设置组成块的对象。

　　● "在屏幕上指定"复选框:选择该复选框时,单击"确定",将在命令行提示用户指定对象。

　　● "选择对象"按钮 :暂时关闭"块定义"对话框,允许用户选择块对象,完成选择对象后,按 Enter 键,重新显示"块定义"对话框。

　　● "快速选择"按钮 :打开"快速选择"对话框,设置所选择对象的过滤条件。

　　● "保留"单选按钮:创建块以后,仍在绘图窗口上保留组成块的原对象。

　　● "转化为块"单选按钮:创建块以后,将组成块的各对象保留并把它们转换成块。

　　● "删除"单选按钮:创建块以后,删除绘图窗口上组成块的原对象。

◆ "方式"选项组:设置组成块的对象的显示方式。

　　● "注释性":请参照项目五"文本标注与表格"的相关介绍。

　　● "按统一比例缩放"复选框:指定块是否按统一比例缩放。

　　● "允许分解"复选框:指定块是否可以被分解。

◆ "设置"选项组:设置块的基本属性。

　　● "块单位"下拉列表框:指定块插入单位。

　　● "超链接"按钮 ：打开"插入超链接"对话框,插入超链接文档。

◆ "说明"选项组:输入块定义的说明,此说明将显示在"设计中心"中。("设计中心"将在本项目的任务四中详细介绍)

◆ "在块编辑器中打开"复选框:选中该复选框后,即可在"块编辑器"中打开该图块。

【实训一】将图 4-2 中所示的图形定义为内部图块。

操作步骤:

① 调用"直线""圆弧""阵列"等命令绘制如图 4-2 所示的电感元件图。

② 单击"绘图"工具栏上的"创建块"按钮 ,或者选择菜单"绘图"|"块"|"创建"命令,或者在命令行中输入 BLOCK 命令,打开"块定义"对话框(如图 4-1)。

③ 在"名称"文本框中输入块的名称"电感"。

④ 单击"拾取点"按钮 ,切换至绘图区域,拾取一点作为基点,如图 4-3 所示。此时,系统会自动返回至"块定义"对话框。

图 4-2　电感元件　　　　　　　　　　　　　图 4-3　确定"基点"

⑤ 单击"选择对象"按钮 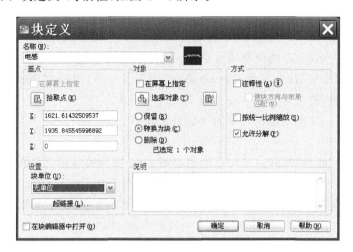，切换到绘图区域，选择要定义块的整个图形（电感），然后右击或按 Enter 键返回"块定义"对话框，如图 4-4 所示。

图 4-4 电感"块定义"对话框

⑥ 其他参数设置采用默认即可，单击"确定"按钮。此时，把光标放在定义的图形上，发现所选定的对象已成为一个整体。

⑦ 保存文件，选择菜单"文件|"保存"命令，路径及文件名为"E：\内部块.dwg"。

2. 外部图块

外部图块是将图形对象保存在计算机的某个路径下面，与内部图块不同的是，它既可以在当前图形文件中调用，也可以在其他文件之间调用。激活"外部图块"命令，可以在命令行中输入 WBLOCK 命令，即可打开如图 4-5 所示的"写块"对话框。该对话框中各个选项组的含义如下：

图 4-5 "写块"对话框

◆ "源"选项组：指定块和对象，将其保存为文件并指定插入点。

　　● "块"单选按钮：指定要保存为文件的现有块，从列表中选择名称。

　　● "整个图形"单选按钮：选择当前图形作为一个块。

● "对象"单选按钮：指定块的基点，默认值是(0，0，0)。

● "拾取点"按钮：暂时关闭该对话框，以使用户能在当前图形中拾取插入基点。

● "选择对象"按钮：暂时关闭该对话框，以便可以选择一个或多个对象保存至文件。

● "快速选择"按钮：显示"快速选择"对话框，该对话框用来定义选择集。

● "保留"单选按钮：将选定对象保存为文件后，在当前图形中仍保留原对象。

● "转化为块"单选按钮:将选定对象保存为文件后,在当前图形中将它们转换为块。

● "从图形中删除"单选按钮:将选定对象保存为文件后,并从当前图形中删除原对象。(可使用 OOPS 命令,将删除的对象重新显示在屏幕上)

◆ "目标"选项组:可以在文本框中直接更改图形名称、路径或通过单击"浏览"按钮 [...] 更改图形名称、路径,以及设置插入单位。

注意:用户最好在"0"图层创建图块,不要在"0"图层绘图,图形都绘制在其他图层上。这样在当前层插入块时,线型和颜色都会随图层的改变而改变。

【实训二】将图 4-2 中所示的图形定义为外部块。

操作步骤:

① 调用"直线""圆弧""阵列"等命令绘制如图 4-2 所示的电感元件图。

② 在命令行输入 WBLOCK 命令,按下 Enter 键,打开"写块"对话框(见图 4-5)。

③ 单击"拾取点"按钮 🔳,切换至绘图区域,选择图形的左侧端点为插入基点。单击"选择对象"按钮 🔳,切换到绘图区域,选择要定义为块的整个图形(电感),然后右击或按 Enter 键,返回到"写块"对话框。在"文件名和路径"文本框中输入存放的目标位置和外部块的名称"E:\新电感",最后单击"确定"按钮。

④ 保存文件,选择菜单"文件"|"保存"命令,路径及文件名为"E:\外部块. dwg"。

(二) 插入图块

1. 插入单个块

用户创建好图块后可以将该图块按照指定的位置、比例和旋转角度插入到图形文件中。激活"插入图块"命令有以下四种方式:

① 单击"绘图"工具栏上的"插入块"按钮 🗗;

② 选择"插入"菜单的"块"命令;

③ 在命令行中输入 INSERT 或者 I 命令;

④ 使用"设计中心"插入图块(在本项目的任务四中将具体介绍)。

执行上述任一操作后,都可打开如图 4-6 所示的"插入"对话框。该对话框中各个选项组的含义如下:

图 4-6 "插入"对话框

◆ "名称"下拉列表框：选择块或图形的名称，也可单击后面的"浏览"按钮 浏览(B)... ，打开"选择图形文件"对话框，选择已保存的块或外部图形。

◆ "插入点"选项组：设置块的插入点位置。可直接在 X、Y、Z 文本框中输入坐标值；也可选中"在屏幕上指定"复选框，在屏幕上指定插入点位置。

◆ "比例"选项组：设置块的插入比例。可直接在 X、Y、Z 文本框中输入块在 3 个方向的比例；也可选中"在屏幕上指定"复选框，在屏幕上进行指定；此外，"统一比例"复选框用于确定所插入块在 X、Y、Z 三个方向的插入比例是否相同，选中表示比例相同，用户只需在 X 文本框中输入比例值即可。

◆ "旋转"选项组：设置块插入时的旋转角度。可直接在"角度"文本框中输入角度值，也可选中"在屏幕上指定"复选框，在屏幕上指定旋转角度。

◆ "分解"复选框：选中表示将插入的块分解成组成块的各基本对象。

【实训三】打开"E:\内部块.dwg"文件，插入已定义的图块，并设置缩放比例为 60%，逆时针旋转 45 度。

操作步骤：

① 打开文件，选择菜单"文件"|"打开"命令，打开"E:\内部块.dwg"文件。

② 单击"绘图"工具栏上的"插入块"按钮，或者选择菜单"插入"|"块"命令，或者在命令行中输入 INSERT 命令，打开"插入"对话框（如图 4－6）。

③ 在"名称"下拉列表框中选择创建的内部块"电感"选项，或者单击 浏览(B)... 按钮，在系统自动弹出的"选择图形文件"对话框中选择"E:\新电感"，单击 打开(O) ▼ 按钮。

④ 在"插入点"选项组中选中"在屏幕上指定"复选框。

⑤ 在"比例"选项组中选中"统一比例"复选框，并在 X 文本框中输入 0.6。

⑥ 在"旋转"选项组中的"角度"文本框中输入 45，然后单击"确定"按钮，在绘图窗口中指定插入块的位置即可，结果如图 4－7 所示。

⑦ 保存文件，选择菜单"文件"|"另存为"命令，路径及文件名为"E:\插入单个块.dwg"。

2. 插入多个块

如果要插入多个相同的块，并且这些块在排列上有一定的规律，则可以使用 MINSERT 命令。此命令在插入块时可以指定插入块的行数、列数，以及行距、列距等。

【实训四】绘制某个教室的桌子摆放图，如图 4－8 所示。

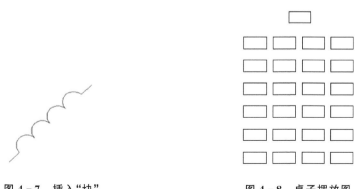

图 4－7 插入"块"　　　　　　　　　图 4－8 桌子摆放图

操作步骤：

① 调用"矩形"命令，绘制一个矩形，尺寸为 100 mm×50 mm，并保存为内部块，块名为 desk。

② 在命令行中输入 minsert，命令提示过程如下：

```
输入块名或 [?]＜desk＞:desk
单位:毫米    转换:    1.0000
指定插入点或 [基点(B)/比例(S)/X/Y/Z/旋转(R)]:100,100 //也可以在屏幕任意位置单击
输入 X 比例因子,指定对角点,或 [角点(C)/XYZ(XYZ)]＜1＞:1    //不改变缩放比例
输入 Y 比例因子或 ＜使用 X 比例因子＞:1                    //不改变缩放比例
指定旋转角度 ＜0＞:0                                       //不旋转
输入行数（－－－）＜1＞: 6
输入列数（|||）＜1＞: 4
输入行间距或指定单位单元（－－－）: 100
指定列间距（|||）:130
```

③ 此时选择插入的块（插入的所有块将是一个单一的对象），然后将所有块移动到适当的位置，结果如图 4-8 所示。

④ 保存文件，选择菜单"文件"|"保存"命令，路径及文件名为"E:\插入多个块.dwg"。

（三）块的编辑

1. 块的重命名

激活"重命名"命令有以下两种方式：

① 选择"格式"菜单的"重命名"命令；

② 在命令行中输入 RENAME 命令。

执行上述任一操作后，都可打开如图 4-9 所示的"重命名"对话框，在"命名对象"列表中选择"块"选项，在"项目"列表框中选择要重命名的块名称，该名称将显示在"旧名称"文本框中，然后在"重命名为"文本框中输入新的名称，单击"确定"按钮。

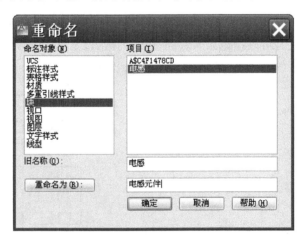

图 4-9 "重命名"对话框

2. 块的删除

删除掉原定义块并不意味着删除块,用户仍然可以在插入块对话框中将该块调用,要想真正删掉块,还要进行一步操作,即单击"文件"菜单下的"绘图实用程序"命令下的"清理",打开如图 4-10 所示"清理"对话框,选择"块",进行删除。

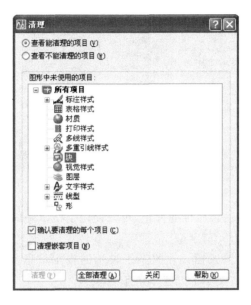

图 4-10 "清理"对话框

任务二 块属性

1. 创建块属性

在创建带有附加属性的块时,需要同时选择块属性作为块的成员对象。激活"块属性定义"命令有以下两种方式:

① 选择"绘图"菜单中"块"命令下的"定义属性"命令;

② 在命令行中输入"ATTDEF"命令。

执行上述任一操作后,都可打开如图 4-11 所示的"属性定义"对话框。该对话框中各个选项组的含义如下:

◆ "模式"选项组:用于设置块属性的模式。

　● "不可见"复选框:指定插入块时是否显示属性值。

　● "固定"复选框:设置属性是否为固定值,为固定值时,插入块后该属性值不再变化。

　● "验证"复选框:提示验证属性值是否正确,可以对其错误进行修改。

　● "预设"复选框:在系统插入包含预置属性值的块时将属性设置为默认值。

　● "锁定位置"复选框:锁定插入块在图形中的位置。

　● "多行"复选框:可以指定属性值包含多行文字。

◆ "属性"选项组:用于定义块的属性。

图 4 - 11 "属性定义"对话框

- ● "标记"文本框:输入属性的标记,可以使用空格以外的任何字符组合,并且小写字母将自动转换为大写字母。
- ● "提示"文本框:输入插入块时系统显示的提示信息。如果用户选中"模式"|"固定"复选框,则该文本框处于不可编辑状态。
- ● "默认"文本框:输入属性的默认值,或单击右侧的"插入字段"按钮打开"字段"对话框。如果用户选中"模式"|"多行"复选框,此时"插入字段"按钮会变成"打开多行编辑器"按钮,单击该按钮后,暂时关闭此对话框,在"指定多行属性的位置"后输入坐标值,或单击,系统会自动打开具有"文字格式"工具栏和标尺的文字编辑器。
- ◆ "插入点"选项组:设置属性值的插入点,可以直接输入坐标值或在屏幕上指定属性的位置。
- ◆ "文字设置"选项组:设置属性文字的格式,包括对正、文字样式、文字高度和旋转等。如果用户选中"模式"|"多行"复选框,此时"边界宽度"文本框处于可编辑状态,若设置值为 0,则文字行的长度没有限制。
- ◆ "在上一个属性定义下对齐"复选框:为当前属性采用上一个属性的文字样式、文字高度及旋转角度,且另起一行,按上一个属性的对正方式排列。

【实训五】将图 4 - 12 中所示的图形创建为带有属性的块并保存。

操作步骤:

① 调用"矩形"、"直线"和"镜像"等命令绘制如图 4 - 12 所示的电阻元件。

② 选择菜单"绘图"|"块"|"定义属性"命令,或者在命令行中输入 ATTDEF 命令,打开"属性定义"对话框(见图 4 - 11)。

③ 在"标记"文本框中输入 R,在"提示"文本框中输入"请输入电阻符号"。

④ 在"插入点"选项组中选择"在屏幕上指定"复选框。

⑤ 在"文字设置"选项组的"对正"下拉列表框选择"中间"选项,"文字高度"文本框中输入100,其他选项采用默认设置,单击"确定"按钮,结果如图 4 - 13 所示。

图 4 - 12　电阻元件　　　　　　　图 4 - 13　带有属性的电阻元件

⑥ 将带属性的电阻元件保存为外部块。在命令行中输入 WBLOCK 命令,打开"写块"对话框,"基点"选项组单击"拾取点"按钮,选择电阻左端点;"对象"选项组选择"转化为块"单选按钮,单击"选择对象"按钮,选择整个电阻图形;"目标"选项组的"文件名和路径"文本框中输入"E:\带属性的电阻.dwg",单击"确定"按钮,打开"编辑属性"对话框,在该对话框中可以更改电阻符号,然后单击"确定"按钮。

⑦ 保存文件,选择菜单"文件"|"保存"命令,路径及文件名为"E:\电阻.dwg"。

2. 插入带有属性定义的块

带有属性的块创建完成后,就可以使用"插入"对话框在文档中插入该块。方法是选择菜单"插入"|"块"命令,打开如图 4 - 6 所示"插入"对话框,进行插入。

【实训六】新建一个图形文件并在该文件的绘图区域插入【实训五】中定义的属性块。

操作步骤:

① 选择菜单"文件"|"新建"命令,新建一个图形文件。

② 选择"插入"|"块"命令,打开"插入"对话框(见图 4 - 6),单击"浏览"按钮 [浏览(B)...],选择【实训五】中创建的"E:\带属性的电阻.dwg"属性块并打开。

③ "插入点"选项组选择"在屏幕上指定"复选框,其他设置按照默认值即可,单击"确定"按钮。

④ 在绘图窗口中适当位置单击,确定插入点的位置,并在命令行的"请输入电阻符号 <R>:"提示下输入电阻符号"50",然后按 Enter 键即可,结果如图 4 - 14 所示。

⑤ 保存文件,选择菜单"文件"|"保存"命令,路径及文件名为"E:\插入属性块.dwg"。

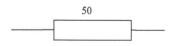

图 4 - 14　插入属性块后的效果图

3. 编辑块属性

当用户想要对已经创建的属性块进行修改时,可以打开"增强属性编辑器"对话框,从中更改属性特性及属性值。打开"增强属性编辑器"对话框的方式为:

① 选择菜单"修改"|"对象"|"属性"|"单个"命令;

② 在命令行中输入 EATTEDIT 命令。

执行上述任一操作后,都会出现"选择块"的提示,用户选择带属性的块后就可打开如图 4 - 15 所示的"增强属性编辑器"对话框。该对话框中各个选项组的含义如下:

◆ "属性"选项卡:显示了块中每个属性的标记、提示和值。选择某一属性后,在"值"文本框中对应显示出该属性的值,可以在此修改属性值。

◆ "文字选项"选项卡:如图 4 - 16 所示,用于修改属性文字的格式,如设置文字样式、对齐方式、高度和旋转角度等内容。

◆ "特性"选项卡:如图 4 - 17 所示,用于修改文字的图层、线宽、线型、颜色及打印样式等内容。

【实训七】使用"增强属性编辑器"修改【实训五】中创建的属性块。

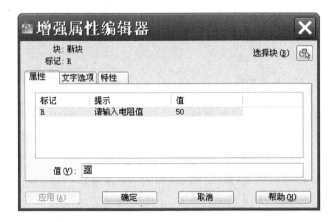

图 4 - 15　"增强属性编辑器"对话框

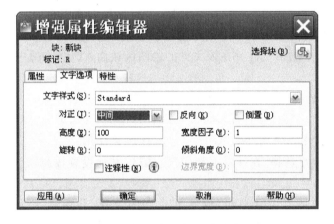

图 4 - 16　"文字选项"选项卡

图 4 - 17　"特性"选项卡

操作步骤:

① 选择菜单"文件"|"打开"命令,打开【实训五】对应的原始文件,即"E:\电阻.dwg"。

② 选择菜单"修改"|"对象"|"属性"|"单个"命令或在命令行中输入 EATTEDIT 命令,命

令行提示选择块,选择文件中的属性块,将打开如图 4-15 所示的"增强属性编辑器"对话框。

③ 单击"属性"选项卡,将"值"对话框中的"R"改为"r"。

④ 单击"文字选项"选项卡,输入"倾斜角度":"15","宽度因子":"0.8",单击"应用"和"确定"按钮,结果如图 4-18 所示。

⑤ 保存文件,选择菜单"文件"|"另存为"命令,路径及文件名为"E:\编辑块属性.dwg"。

图 4-18　"编辑块属性"效果图

4. 块属性管理器

块属性管理器用来管理当前图形中块的属性定义,可以从块中编辑属性定义、删除属性及更改插入块时系统提示用户输入属性值的顺序等。打开"块属性管理器"对话框的方式有三种:

① 单击"修改Ⅱ"工具栏上的"块属性管理器"按钮 ;

② 选择菜单"修改"|"对象"|"属性"|"块属性管理器"命令;

③ 在命令行中输入 BATTMAN 命令。

执行上述任一操作后,将打开如图 4-19 所示的"块属性管理器"对话框,可在其中管理块中的属性。

图 4-19　"块属性管理器"对话框

该对话框中几个常用按钮的含义如下:

◆ "编辑"按钮 编辑(E)... :单击"编辑"按钮,将打开"编辑属性"对话框(见图 4-20),可以重新设置属性定义的构成、文字特性和图形特性等。

◆ "设置"按钮 设置(S)... :单击"设置"按钮,将打开"块属性设置"对话框(见图 4-21,该对话框中打勾的选项可以显示在"块属性管理器"对话框(见图 4-19)中的属性名称一行当中。

【实训八】使用"块属性管理器"编辑【实训五】中创建的属性块。

操作步骤:

① 选择菜单"文件"|"打开"命令,打开【实训五】对应的原始文件,即"E:\电阻.dwg"。

② 单击"修改Ⅱ"工具栏上的"块属性管理器"按钮 或者选择菜单"修改"|"对象"|"属性"|"块属性管理器"命令或输入 BATTMAN 命令,打开如图 4-19 所示的"块属性管理器"对话框。

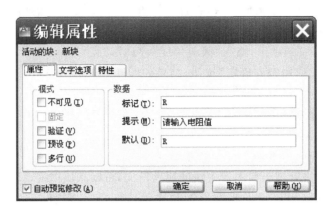

图 4-20 "编辑属性"对话框

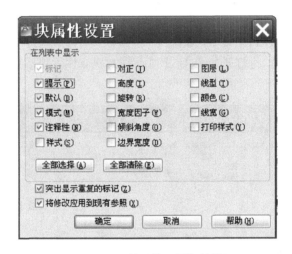

图 4-21 "块属性设置"对话框

③ 单击"□编辑(E)…□"按钮,打开"编辑属性"对话框(图 4-20)。"属性"选项卡,修改"默认"值:"r";"文字选项"选项卡,输入"高度":"50",单击"确定"按钮。

④ 返回"块属性管理器"对话框,单击"应用"按钮,再单击"确定"按钮。此时再插入属性块,所有该属性块的参数将自动更新。

⑤ 保存文件,选择菜单"文件"|"另存为"命令,路径及文件名为"E:\块属性管理器.dwg"。

任务三 动态块

使用块可以在绘图中轻易插入相同的图形组合,减少了很多重复的工作。但在日常使用块的过程中,有时插入的块的形状是相似的,只是规格、尺寸方面有所差异。要是把每种形状类似而规格和尺寸不同的元件都创建成一个块,不但浪费存储空间,而且也耗时耗力。所以引入动态块,一切会变得相当简单。

1. 动态块特点

动态块具有灵活性和智能性,用户可以通过动态块方便地自定义特性夹点更改块参照中的几何元素,如移动、拉伸、阵列、缩放、旋转和翻转等。创建动态块的工具是块编辑器,是动态块的专门编写区域。

块的动态元素由参数和动作组成。参数主要指:点、线性、极轴、xy、旋转、对齐、可见性、查询和基点参数;动作主要指:移动、缩放、拉伸、极轴拉伸、旋转、翻转、阵列和查询。

注意:设置动态块时,该块必须至少包含一个参数和一个与该参数相关联的动作。在每次定义参数和动作时都会出现相应的标签。标签是用于定义在块中添加的自定义特性名称,参数标签将显示为"特性"选项板中的"自定义"特性。

2. 动态块的创建

◆ 用户可以通过三种方式打开"编辑块定义"对话框,然后进入"块编辑器"界面。

① 单击"标准"工具栏上的"块编辑器"按钮 ；

② 选择菜单"工具"|"块编辑器"命令;

③ 在命令行中输入 BEDIT 命令。

执行上述任一操作后,都会打开"编辑块定义"对话框,在"要创建或编辑的块"文本框中输入要编辑的块名或在下方的列表框中选择要编辑的块,单击"确定"按钮,打开"块编辑器"界面,添加动态元素,使参数和动作关联起来。

◆ 创建动态块的一般步骤如下:

① 进入"块编辑器"界面后,在"块编写选项板"任务窗格中切换到"参数"选项卡,选择相应参数,定义调节位置或范围,以及参数标志放置的位置。

② 修改参数属性。在"特性"窗格的"值集"组合框中的"距离类型"或"角度类型"下拉列表中选择相应选项,进行设置。

③ 切换到"动作"选项卡,为刚定义的参数关联动作。单击相应的动作按钮,选择刚定义的参数,再选择动作对象,最后定义动作标志的放置位置。

④ 保存动态块。单击"保存定义块"按钮 ，然后单击" 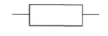 "按钮退出动态块编辑界面。

⑤ 在图形中插入定义好的动态块,测试一下动作是否正确。

【**实训九**】创建动态块的翻转、旋转和拉伸。

操作步骤:

① 绘制如图 4-22 所示的图形,并将该图形创建成内部块,块名为"电阻"。

图 4-22 内部块"电阻"

② 单击"标准"工具栏中的"块编辑器"按钮 ，打开"编辑块定义"对话框,在"要创建或编辑的块"下的列表框中选择刚创建的块"电阻",然后单击"确定"按钮,系统进入"块编辑器"界面(见图 4-23)。图 4-24 为"块编写选项板"的所有选项板。

③ 翻转动作:在"块编写选项板"中选择"参数"选项卡,单击"翻转"按钮 ，命令行中提示"指定投影线的基点",单击图形"电阻"的左下角点,接着提示"指定投影线的端点",在垂直方向的直线上任意一点单击,确定好翻转中心线,接着命令行提示"指定标签位置",在翻转中心线附近单击一点放置标签如图 4-25 所示。

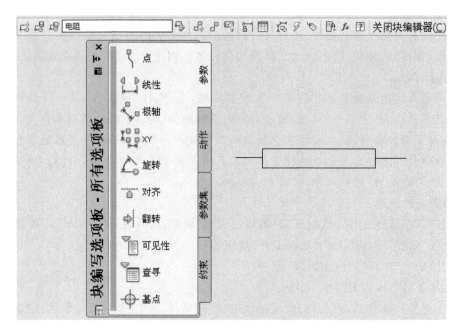

图 4 – 23　"块编辑器"界面

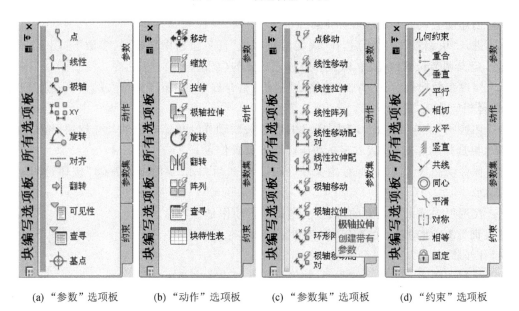

(a) "参数"选项板　　(b) "动作"选项板　　(c) "参数集"选项板　　(d) "约束"选项板

图 4 – 24　"块编写选项板"的所有选项板

　　④ 切换到"动作"选项卡，单击"翻转"按钮，此时系统提示"选择参数"，选中翻转中心线，接着系统提示"选择对象"，选中整个图形，然后将鼠标移动到适当位置，右击结束选择，并在该位置放置翻转动作标志。

　　⑤ 单击块编辑器左上角的"保存定义块"按钮，然后单击"关闭块编辑器(C)"按钮，返回到绘图区，此时创建好了会翻转的动态块，选择该块，令块处于夹点编辑状态，会看到蓝色箭头的翻转夹点图标。单击此箭头，查看翻转效果如图 4 – 26 所示。

图 4-25 "翻转参数"效果图   图 4-26 "翻转后"效果图

⑥ 旋转动作:重复前面步骤(2),单击"参数"选项卡,单击"旋转"按钮 ⟂旋转,命令行中提示"指定基点"选择图形"电阻"的左下角点;接着提示"指定参数半径",选择图形的右下角点;接着提示"指定默认旋转角度",在命令行中输入"0",结果如图 4-27 所示。

⑦ 选中旋转参数,单击鼠标右键,弹出快捷菜单,选择"特性"选项。在"特性"面板中的"值集"选框中单击"角度类型"选项,在后面的下拉列表中选择"列表"选项。然后单击"值集"中的"角度值列表"选项,此时会激活浏览按钮 ▦,单击此按钮,系统弹出"添加角度值"对话框,在"要添加的角度"文本框中输入"30",然后单击"添加"按钮,如此依次添加"45","60"角度值,最后单击"确定"按钮,关闭"特性"面板。

⑧ 切换到"动作"选项卡,单击"旋转"按钮 ↻旋转,此时系统提示"选择参数",单击选择旋转参数,接着系统提示"选择对象",选中整个图形,然后将鼠标移动到适当位置,右击结束选择,并在该位置放置旋转动作标志。

⑨ 单击块编辑器左上角的"保存定义块"按钮 ▦,然后单击"关闭块编辑器(C)"按钮,返回到绘图区,选择该图形,单击旋转图标 ◯,结果如图 4-28 所示。

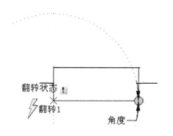

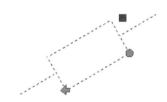

图 4-27 "旋转参数"效果图   图 4-28 "旋转后"的效果图

⑩ 拉伸动作:重复前面步骤②,单击"参数"选项卡,单击"线性"按钮 ⟷,命令行提示"指定起点",选择图形底边的中点;接着提示"指定端点",垂直向下拖动到任意位置后单击,然后提示"指定标签位置",在附近单击一点放置标签,结果如图 4-29 所示。

⑪ 选中线性参数,右击,弹出快捷菜单,选择"特性"选项。在"特性"面板中的"值集"栏中选择"距离类型"为"列表",然后单击"值集"中的"距离值列表"选项,此时会激活浏览按钮 ▦,单击此按钮,系统弹出"添加距离值"对话框,在"要添加的距离"文本框中输入"50",然后单击"添加"按钮,如此依次添加"150","200"距离值,最后单击"确定"按钮,关闭"特性"面板。

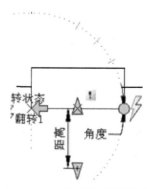

⑫ 切换到"动作"选项卡,单击"拉伸"按钮 ▦拉伸,此时系统提示"选择参数",单击选择与此动作配合的线性参数,接着系统提示"指定要与动作关联的参数点",选择该参数上

图 4-29 "线性参数"效果图

任意一箭头;然后系统提示"指定拉伸框架的第一角点"和"指定对角点"确定拉伸框架,即图 4-30 最外层的虚线矩形框,接着系统提示"选择对象",选择要拉的对象,即图 4-30 绿色(里面)的虚线矩形框,然后将鼠标移动到适当位置,右击键结束选择,并在该位置放置拉伸动作标志。

⑬ 单击块编辑器左上角的"保存定义块"按钮，然后单击"关闭块编辑器(C)"按钮,返回到绘图区,选择该图形,单击拉伸图标，结果如图 4-31 所示。

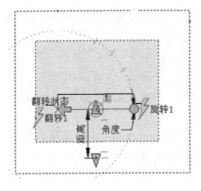

图 4-30　选择拉伸对象

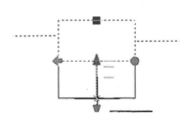

图 4-31　"拉伸后"效果图

⑭ 保存文件"E:\动态块.dwg"。

任务四　设计中心

AutoCAD 设计中心为用户提供了一个直观且高效的工具,与 Windows 资源管理器类似。通过设计中心,用户可以组织对图形、块、图案填充和其他图形内容的访问;也可以将源图形中的任何内容拖动到当前图形中;还可以将图形、块和填充拖动到工具选项板上。

激活"设计中心"选项板有四种方式:

① 单击"标准"工具栏上的"设计中心"按钮；

② 选择菜单"工具"|"选项板"|"设计中心"命令;

③ 在命令行中输入 ADCENTER 命令;

④ 按下"Ctrl+2"组合键。

执行上述任一操作后,将打开如图 4-32 所示的"设计中心"选项板。

"设计中心"窗口包含一组工具按钮和选项卡,使用它们可以选择和观察设计中心中的图形。分为两部分:左边为树状图,用来浏览内容的源;右边为内容区,用来显示内容,还可以将项目添加到图形或工具选项板中。各工具按钮和选项卡的含义如下:

◆ "加载"按钮：打开"加载"对话框,可以浏览本地和网络驱动器或 Web 上的文件。

◆ "主页"按钮:可由"设计中心"返回默认文件夹。

◆ "树状图切换"按钮:显示和隐藏树状视图。

◆ "预览"按钮:预览显示和隐藏内容区域窗格中选定的项目。

◆ "说明"按钮:显示和隐藏内容区域窗格中选定项目的文字说明。

◆ "视图"按钮:可为加载到内容区域中的内容提供不同的显示格式。

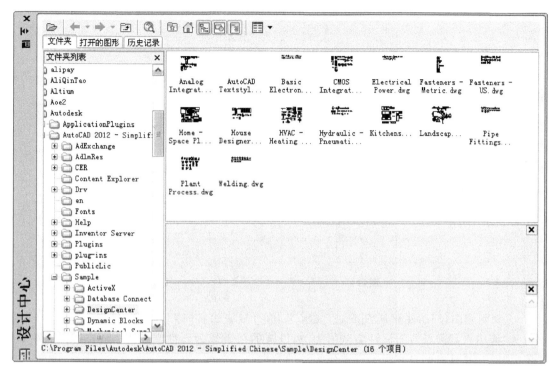

图 4 - 32　"设计中心"选项板

◆ "文件夹"选项卡：显示设计中心的资源，可以将设计中心的内容设置为本地计算机的桌面，或为本地计算机的资源信息，也可以为网上邻居的信息。

◆ "打开的图形"选项卡：显示当前工作任务中打开的所有图形，包括最小化的图形。此时单击某个文件图标，即可看到该图形的相关设置。

◆ "历史记录"选项卡：显示最近在设计中心中访问过的文件列表，包括这些文件的完整路径。

◆ "联机设计中心"选项卡：访问联机设计中心网页。

【实训十】使用"设计中心"选项板在图形中指定的位置插入图块。

操作步骤：

① 打开【实训一】和【实训四】所完成的两个原始文件" E：\内部块. dwg"和"E：\电阻. dwg"，并让"电阻. dwg"为当前文件。

② 单击"标准"工具栏上的"设计中心"按钮或者选择菜单"工具"|"选项板"|"设计中心"命令，打开如图 4 - 32 所示的"设计中心"选项板。

③ 单击"打开的图形"选项卡，展开左侧树状图区中的"内部块. dwg"前的"⊞"按钮，在展开的列表中单击"块"图标，同时在右侧内容区中可以看到块的预览效果，并双击该块，打开"插入"对话框，可以进行相应的设置，完成所有设置之后，单击"确定"按钮，并关闭"设计中心"选项板，在图形中适当位置单击即可完成块的插入。

【实战演练】

1. 绘制如图(1)所示双向晶闸管图形,并将其定义成内部块(块名为 MyDrawing1),然后在图形中以不同的比例、旋转角度插入该块。

2. 绘制如图(2)所示发光二极管图形,并将其定义成外部块(块名为 MyDrawing2)。

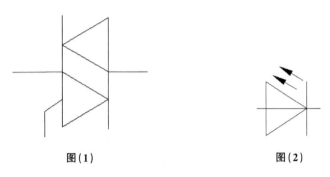

图(1)　　　　　　　　图(2)

3. 绘制如图(3)所示带属性的块,要求如下:符号块的名称为 BASE;属性标记为 A;属性提示为"请输入基准符号";属性默认值为 A;以圆的圆心作为属性插入点;属性文字对齐方式采用"中间";并且以两条直线的交点作为块的基点。

4. 绘制如图(4)所示图形,创建翻转,旋转,拉伸等动作的动态块(块名为"门")。

图(3)　　　　　　　　图(4)

项目五　文本标注与表格

任务一　创建文本标注

文字对象是 AutoCAD 图形中很重要的图形元素，是工程制图中不可缺少的组成元素。在一个完整的图样中，通常都包含一些文字注释来标注图样中的一些非图形信息。例如，工程制图中的技术要求、材料说明、施工要求等。

(一) 设置文字样式

文字样式的设置包括文字的"字体""大小""效果"等参数，文字的这些属性都可以通过"文字样式"对话框来进行设置，如图 5-1 所示。

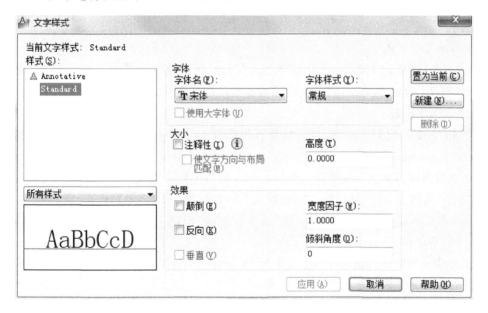

图 5-1　"文字样式"对话框

打开"文字样式"对话框的方法有以下几种：

① 功能区 1：切换到"常用"选项卡，在"注释"面板中单击"文字样式"按钮 ；
② 功能区 2：切换到注释选项卡，在"文字"面板中单击"文字样式"按钮 ；
③ 选择菜单"格式"|"文字样式"命令；
④ 经典模式：单击"样式"工具栏里面的图标 ；
⑤ 在命令行中输入 STYLE 或 ST 命令。

1．文字样式管理

（1）新建文字样式

"样式名"列表框中列出当前可以使用的文字样式,默认文字样式为 Standard。当新建文字样式时,单击对话框中 新建(N).... 按钮打开"新建文字样式"对话框(见图 5－2)。在"样式名"文本框中输入新建文字样式名称后,单击"确定"按钮可以创建新的文字样式。新建文字样式名称将显示在"样式名"列表框中。在样式名称上右击可以对其进行重命名。

图 5－2 "新建文字样式"对话框

（2）设置当前文字样式

当出现多个文字样式时,若需要指定某一样式为当前样式,在"样式名"列表框中选中指定样式名称,右击选择"置为当前"或者单击对话框中 置为当前(C) 按钮,可将其设置为当前文字样式。

（3）删除文字样式

在"样式名"列表框中选择不使用的样式,右击选择"删除"或者单击对话框中 删除(D) 按钮,可将其删除。要注意的是:当前文字样式和默认的文字样式 STANDARD 不能被删除。

2．文字字体设置

① 单击"SHX 字体"下拉列表框,可选择所需要的字体。系统提供了符合标注要求的字体文件:gbenor. shx、gbeitc. shx 和 gbcbig. shx 文件。其中,gbenor. shx 和 gbeitc. shx 文件分别用于标注直体和斜体字母或数字,gbcbig. shx 则用于标注中文。

② 选中"使用大字体"复选框,"字体样式"下拉列表框变为"大字体"下拉列表框,用于选择大字体文件。取消该复选框时,"字体"选项区中的"SHX 字体"和"大字体"名称将会变成"字体名"和"字体样式"。

国家标准采用国标长仿宋字体,选择 SHX 字体下拉列表中 gbeitc. shx,选中"使用大字体"复选框,大字体列表框中选择 gbcbig. shx。

3．文字大小设置

（1）"高度"文本框

可设置文字的高度。如果将文字的高度设为 0,在使用"单行文字"命令标注文字时,命令行将出现"指定高度:"的提示,要求指定标注文字的高度。如果在"高度"文本框中输入了文字高度,系统将按此高度标注文字,不会再出现指定高度的提示。

文字的高度一般以 3.5 mm 为宜。

（2）"注释性"复选框

选中复选框后,"高度"文本框变为"图纸文字高度"文本框,勾选"使文本方向与布局匹配"复选框可让应用这种样式的字体能使用注释比例。它们将自动在视口中以各种比例缩放某些类型对象。对象可以是文字、标注、引线、图案填充、块和块属性。

4. 文字效果设置

①"宽度因子"文本框:用于设置字符的宽度和高度之比,当"宽度因子"值为 1 时,将按系统定义的高宽比书写文字。宽度因子一般设定为 0.7。

②"倾斜角度"文本框:用于设置文字的倾斜角度,角度为正值时向右倾斜;角度为负值时向左倾斜。

③"颠倒"复选框:用于设置文字颠倒显示。

④"反向"复选框:用于设置文字反向显示。

⑤"垂直"复选框:用于设置文字垂直显示,但是垂直效果对汉字字体无效。

⑥"倾斜角度"文本框:用于设置字符的倾斜角度。默认倾斜角度为 0°。

⑦"预览"区:用于显示对以上设置的字体样式的效果。

⑧"应用"按钮:将新建或修改的效果应用到选中的文字样式中。

【实训一】建立新文字样式,样式名为 Mystyle,字体设置为仿宋体,高度为 3.5 mm,宽度因子为 0.7,倾斜角度为 15°。

操作步骤:

① 选择菜单"格式"|"文字样式"命令,或在命令行中输入 style。

② 单击 新建(N)... 按钮打开"新建文字样式"对话框(如图 5 - 2),输入 Mystyle,单击确定按钮。

③ 在文字样式对话框中,按图 5 - 3 进行设置。

图 5 - 3 "文字样式"对话框

④ 设置完成后,关闭对话框,文字样式建立并作为当前文字样式。

注意:本任务练习的是设置文字样式,如果需要保存该文字样式用于其他的 CAD 文件使用,可以在打开其他 CAD 文件后,通过设计中心找到该文字样式,拖入文件绘图界面,该文字样式即可使用。

（二）单行文本标注

1. 单行文字输入

（1）单行文字输入的激活方式

① 功能区1：切换到"常用"选项卡，在"注释"面板中单击"单行文字"按钮 **A**；

② 选择菜单"格式"|"文字样式"命令；

③ 经典模式：单击"文字"工具栏里面的图标 **A**；

④ 在命令行中输入 dtext 或 dt 命令。

命令提示过程如下：

```
命令：dtext
当前文字样式："Standard"  文字高度： 2.5000   注释性：  否
指定文字的起点或[对正(J)/样式(S)]：           //输入文字起点或选项
指定高度＜2.5000＞：                          //输入文字高度
指定文字的旋转角度：                          //输入文字旋转角度
```

（2）设置对正方式

创建文字时，可以使其水平对齐，默认设置为左对齐。因此要左对齐文字，不必输入对齐选项。否则可在"指定文字的起点或 [对正(J)/样式(S)]："提示信息后输入 J，设置文字的排列方式。此时命令行显示如下提示信息：

```
输入对正选项[对齐(A)/调整(F)/中心(C)/中间(M)/右(R)/左上(TL)/中上(TC)/右上(TR)/左中
(ML)/正中(MC)/右中(MR)/左下(BL)/中下(BC)/右下(BR)]：    //输入文字对齐方式
```

◆ 对齐(A)：用于指定文字底线的起点和终点。

◆ 调整(F)：用于确定文字行的起点和终点。在高度不变的情况下，调整文字的宽度，使其始终分布在两点之间。

◆ 中心(C)：用于指定文字行基准线的水平中点。输入字符后，字符将均匀地分布在该中点的两侧。

◆ 中间(M)：用于指定文字行基准线上垂直和水平中点。

◆ 右(R)：用于指定文字行基准线的右端点。

◆ 左上(TL)：用于指定文字行第一个文字的左上角点，文字行向该点对齐。

◆ 中上(TC)：用于指定文字行的中上角点。

◆ 右上(TR)：用于指定文字行最后一个文字的右上角点，文字行向该点对齐。

◆ 左中(ML)：用于指定文字行第一个文字的左边中点。

◆ 正中(MC)：用于指定文字行的垂直和水平中点。

◆ 右中(MR)：用于指定文字行最后一个文字的右边中点。

◆ 左下(BL)：用于指定文字行第一个文字的左下角点。

◆ 中下(BC)：用于指定文字行的中下角点。

◆ 右下(BR)：用于指定文字行最后一个文字的右下角点。

（3）设置当前文字样式

在"指定文字的起点或 [对正(J)/样式(S)]："提示下输入 S，可以设置当前使用的文字样式。选择该选项时，命令行显示如下提示信息：

输入样式名或［?］＜Standard＞:　　　　　　　　// 输入文字样式的名称或?，

如果输入"?"，在"AutoCAD 文本窗口"中显示当前图形中已有的文字样式

（4）文字控制符

在绘图时，常常需要输入一些特殊的字符，例如：标注直径、角度、正负号等符号；或是文字添加下画线等。这些特殊字符不能从键盘上直接输入，AutoCAD 提供了相应的控制符，以满足输入特殊字符的要求。常见的控制码及其对应的特殊字符如下：

％％C:用于生成直径符号"φ"。

％％D:用于生成角度符号"°"。

％％O:用于打开或关闭文字的上画线。

％％U:用于打开或关闭文字的下画线。

％％P:用于生成正负符号"±"。

2．编辑单行文字

单行文字可进行单独编辑。编辑单行文字包括编辑文字的内容、对正方式及缩放比例。如图 5－4 所示:

图 5－4　单行文字编辑菜单

（1）"文字内容编辑"的激活方法有以下四种：

① 菜单命令:选择菜单"修改"|"对象"|"文字"|"编辑"子菜单项；

② 经典模式:单击"文字"工具栏里面的图标 A/；

③ 在命令行中输入 ddedit 命令；

④ 快捷菜单:选择要修改的文字右击，在弹出的快捷菜单中选择"编辑"命令。

命令提示过程如下：

命令:ddedit

选择注释对象或［放弃(U)］://选择待编辑的单行文字，进入文字编辑状态，可以重新输入文本内容

（2）"文字缩放比例编辑"的激活方法有以下三种：

① 菜单命令:选择菜单"修改"|"对象"|"文字"|"比例"子菜单项；

② 经典模式:单击"文字"工具栏里面的图标 A↕；

③ 在命令行中输入 scaletext 命令。

④ 快捷菜单：选择要修改的文字右击，在弹出的快捷菜单中选择"编辑"命令。

命令提示过程如下：

命令：scaletext

选择对象：//选择待编辑的单行文字

输入缩放的基点选项

[现有(E)/左(L)/中心(C)/中间(M)/右(R)/左上(TL)/中上(TC)/右上(TR)/左中(ML)/正中(MC)/右中(MR)/左下(BL)/中下(BC)/右下(BR)]＜中上＞：//输入缩放的基点选项

指定新模型高度或[图纸高度(P)/匹配对象(M)/比例因子(S)]＜2.5＞：//输入模型高度或选项

（3）"文字对正方式编辑"的激活方法有以下四种：

① 选择菜单"修改"|"对象"|"文字"|"对正"子菜单项；

② 单击"文字"工具栏里面的图标 A；

③ 在命令行中输入 justifytext 命令；

④ 在绘图窗口中双击需要编辑的单行文字或单击选中文字后右击选择"编辑"。

命令提示过程如下：

命令：justifytext

选择对象：//选择待编辑的单行文字

输入对正选项[左(L)/对齐(A)/调整(F)/中心(C)/中间(M)/右(R)/左上(TL)/中上(TC)/右上(TR)/左中(ML)/正中(MC)/右中(MR)/左下(BL)/中下(BC)/右下(BR)]＜中上＞：//输入文字对正方式的选项

（三）多行文本标注

1. 多行文字输入的激活方式

"多行文字输入"命令的激活方式有以下四种：

① 功能区：切换到"常用"选项卡，在"注释"面板中单击"多行文字"按钮 A；

② 选择菜单"绘图"|"文字"|"多行文字"命令；

③ 经典模式：单击"文字"工具栏里面的图标 A；

④ 在命令行中输入 mtext 或 mt 命令。

命令提示过程如下：

命令：mtext

MTEXT 当前文字样式："Standard" 文字高度： 2.5 注释性： 否

指定第一角点：//输入文字范围第一角点

指定对角点或[高度(H)/对正(J)/行距(L)/旋转(R)/样式(S)/宽度(W)/栏(C)]：//输入文字范围对角点或选项

注意：对角点指定后，将出现多行文字编辑对话框。

命令中各选项意义如下：

◆ 指定对角点：为默认项。确定另一角点后，AutoCAD 将以两个点为对角点形成的矩形区域的宽度作为文本范围。

◆ 高度：指定多行文字的字符高度。

◆ 对正：指定文字的对齐方式，以及段落的书写方向。

◆ 行距：指定多行文字间的间距。

◆ 旋转：指定文字边框的旋转角度。

◆ 样式:指定多行文字对象的文字样式。

◆ 宽度:指定多行文字对象宽度。

2. 多行文字编辑对话框

(1) 文字格式工具栏

"文字格式"对话框上方为工具栏,如图5-5所示。使用其工具栏,可以设置文字样式、文字字体、文字高度、加粗、倾斜或加下画线效果。

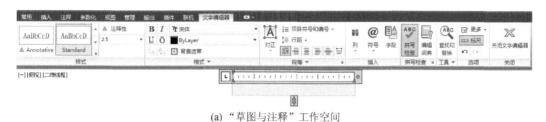

(a) "草图与注释"工作空间

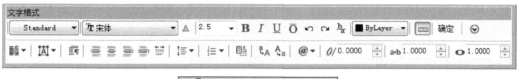

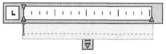

(b) "AutoCAD经典"工作空间

图5-5　多行文字格式工具栏

◆ "文字样式"下拉列表框:用于设置创建多行文字的文字样式。

◆ "字体"下拉列表框:用于设置文字的字体。

◆ "高度"下拉列表框:用于设置文字的高度。

◆ **B**按钮:用于将多行文字设置为粗体。

◆ *I*按钮:用于将多行文字设置为斜体。

◆ U按钮:用于给多行文字加下画线。

◆ ↶按钮:取消上一次的操作。

◆ ↷按钮:恢复上一次的操作。

◆ 按钮:"堆叠/非堆叠"按钮,可以创建堆叠文字(例如分数的输入:使用时,分别输入分子和分母,其间使用/ 分隔,选择这一部分文字,单击"堆叠/非堆叠"按钮)。堆叠文字分隔符有"/""♯"或"∧",分别作为垂直堆叠(水平线分割)、对角线堆叠(对角线分割)和公差堆叠(不使用直线分割,常用于标注公差)的分隔符号。

◆ ■▽颜色下拉列表框:用于设置文字的颜色。

◆ 按钮:用于分栏设置。

◆ 按钮:用于设置文字的水平对齐方式。分别为"左对齐""居中对齐""右对齐""两端对齐"和"分散对齐"。

◆ 按钮:用于多行文字对正。

◆ 📖 按钮:用于段落设置。设置缩进和制表位位置;设置段落对齐方式、段落间距、段落行距。

◆ 📑 按钮:用于行距设置。

◆ 📑 按钮:可使用字母或数字做为段落文字的项目符号。

◆ 📑 按钮:可打开字段对话框,选择需要插入的字段。

◆ @· 按钮:用于特殊符号输入,例如度数、直径等符号。

◆ 0/ 0.0000 ⯅:用于设置倾斜角度。

◆ 0 1.0000 ⯅:用于设置宽度因子。

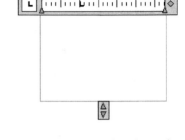

图 5-6　多行文字输入窗口和标尺

(2) 文字输入窗口及标尺

文字输入窗口上方为标尺,如图 5-6 所示。在文字输入窗口的标尺上右击,从弹出的标尺快捷菜单中可设置段落、多行文字宽度、多行文字高度。文字输入窗口可进行文字输入。

(四) 多行文本编辑

激活"多行文本编辑"命令有以下四种方法:

① 菜单命令:选择菜单"修改"|"对象"|"文字"|"编辑"子菜单;

② 经典模式:单击"文字"工具栏里面的图标 🄰;

③ 在命令行中输入 ddedit 命令;

④ 在绘图窗口中双击需要编辑的多行文字或单击选中文字后,右击选择"编辑"。

注意:在绘图窗口中单击需要编辑的文字,打开"文字格式"对话框进入文字编辑状态,可以重新输入文本内容或者修改文本格式。

【实训二】利用"多行文字"命令创建图 5-7 中的文字内容。文字样式要求为:SHX 字体使用国标工程字体 gbenor. shx;大字体使用国标工程汉字字体 gbcbig. shx;文字高度为3.5mm;宽度因子为 1;倾斜角度为 0°。

AutoCAD文字练习;

AutoCAD文字练习;

120°;

123.4±0.01;

Ø56.78;

图 5-7　文字内容

操作步骤:

① 根据题目要求设置"文字样式"对话框中的参数,如图 5-8 所示。

② 激活"多行文字"命令,打开文本输入窗口(如图 5-6)和"文字格式"工具栏(见图 5-5),然后在文本输入窗口输入题目中要求输入的文字内容。上划线和下划线可以分别单击"文字格式"工具栏中的 U̲、O̅ 按钮进行输入,正负号、度数和直径可以单击"文字格式"工具栏中的符号 @· 按钮进行输入。

注意:【实训二】中的文字内容也可以使用"单行文字"命令输入,特殊符号利用相应的文字控制符完成即可。

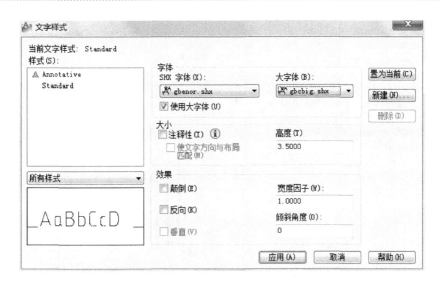

图 5-8　"文字样式"对话框中的参数设置

任务二　创建表格对象

(一) 设置表格样式

表格功能很好地满足了实际工程制图的需要。如果没有表格功能,使用文字功能和直线来绘图无疑是很繁琐的。本任务将对表格进行详细的讲解。

1. 表格样式对话框

表格一般包括标题行(标题)、列标题行(表头)和数据行(数据)三部分。一般情况下,绘制表格前,应单击"插入表格"对话框中的"表格样式" 按钮,在弹出对话框(见图 5-9)中设置表格样式。

打开"表格样式"对话框的方法有以下几种:

① 功能区 1:切换到"常用"选项卡,在"注释"面板中单击"表格样式"按钮 ;

② 功能区 2:切换到注释选项卡,在"文字表格"面板中单击"表格样式"按钮 ；

③ 选择菜单"格式"|"表格样式"命令;

④ 经典模式:单击"样式"工具栏里面的图标 ;

⑤ 在命令行中输入 tablestyle 或 ts 命令。

2. 表格样式管理

图 5-9"表格样式"对话框中的"样式"列表框中会列出当前图形所包含的表格样式,默认表格样式为 Standard,在预览窗口中显示了选中表格的样式。当新建表格样式时,单击对话框中 新建(N)... 按钮打开"创建新的表格样式"对话框(见图 5-10),输入样式名。

(1) 设置当前表格样式

当出现多个表格样式时,若需要指定某一样式为当前样式,在"样式"列表框中选中指定样式名称,右击选择"置为当前"或者单击对话框中 置为当前(C) 按钮,可将其设置为当前表格样式。

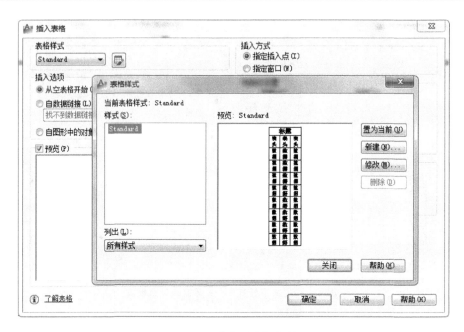

图 5 - 9　"表格样式"对话框

图 5 - 10　"创建新的表格样式"对话框

（2）删除表格样式

在"样式"列表框中选择不使用的样式，右击选择"删除"选项，或者单击对话框中 删除(D) 按钮，可将其删除。

注意：当前表格样式和默认的表格样式 STANDARD 不能被删除。

（3）新建表格样式

基础样式：指定新表格样式基于现有的表格样式。

在"新样式名"文本框中输入新建表格样式的名称，选择"基础样式"，单击"继续"按钮，弹出"新建表格样式"对话框，如图 5 - 11 所示。

① "起始表格"选项区

◆ 单击"选择起始表格"按钮，在图形中选定一个表格用作样例来设置表格格式。

◆ 使用"删除表格"图标，可以将引入的该表格格式从当前表格样式中删除。

② "基本"选项区

"表格方向"下拉列表框：选择"向下"创建由上而下读取的表格，标题行（标题）和列标题行

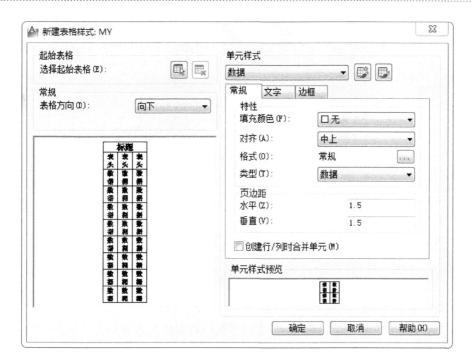

图 5 – 11　"新建表格样式"对话框

（表头）位于表格的顶部。"向上"则创建由下而上读取的表格,标题行(标题)和列标题行(表头)位于表格的底部。

③ "单元样式"选项区

在"单元样式"下拉列表中(见图 5 – 12)可以选择单元样式的类型,用来创建或修改组成表格的单元样式。

◆ 创建新单元样式

下拉列表中选择"创建新单元样式…"或单击右侧的"创建新单元样式"按钮,用于创建新的单元样式。输入新单元样式的名称,选择"基础样式",单击"继续"按钮,返回"创建新表格样式"对话框(见图 5 – 13)。

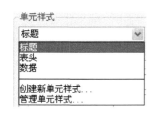

图 5 – 12　"单元样式"下拉列表

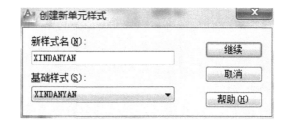

图 5 – 13　"创建新单元样式"对话框

◆ 管理单元样式

下拉列表中选择"管理单元样式"或单击右侧的"管理单元样式"按钮,弹出"管理单元样式"对话框(见图 5 – 14),可以新建、重命名和删除样式。

注意:标题、表头、数据单元样式不能删除。

图 5－14 "管理单元样式"对话框

◆ "常规"选项卡

"常规"选项卡如图 5－11 右侧所示,选项卡其中各选项的含义如下:

- 填充颜色:指定单元的背景色。
- 对齐:设置表格单元中文字的对齐方式。
- 格式:为表格中的"标题""表头""数据"单元设置格式,默认为"常规"。单击右侧的选择按钮,将弹出"表格单元格式"对话框,可以进一步定义格式。
- 水平:设置单元中的文字与左右单元边界之间的距离。
- 垂直:设置单元中的文字与上下单元边界之间的距离。
- 创建行/列时合并单元:将使用当前单元样式创建的所有新行或新列合并为一个单元。可以使用此选项在表格的顶部创建标题行。

◆ "文字"选项卡

"文字"选项卡,如图 5－15 所示,其中各选项的含义如下:

- 文字样式:列出所有文字样式,单击右侧☐按钮,显示"文字样式"对话框,可以对文字样式进行修改。
- 文字高度:设置表格单元文字高度。
- 文字颜色:设置表格单元文字颜色。
- 文字角度:设置表格单元文字角度。

◆ "边框"选项卡

"边框"选项卡,如图 5－16 所示,其中各个选项的含义如下:

- 边界按钮⊞⊡⊞⊞⊞⊞⊞⊞:通过单击边界按钮,可以将选定的特性应用到边框,控制单元边界的外观。
- 线宽、线型、颜色:设置单元边界的线宽、线型和颜色,通过单击边界按钮,将设置应用于指定边界。
- 双线:将表格边界显示为双线;
- 间距:用于指定双线边界的间距。

图 5-15　"文字"选项卡　　　　　　　图 5-16　"边框"选项卡

（4）修改表格样式

单击"表格样式"对话框中的 修改(M)... 按钮，弹出"修改表格样式"对话框，与"新建表格样式"对话框相同，可对表格样式进行修改。

（二）创建表格

1. 命令执行方式

"创建表格"命令执行方式有以下四种：

① 功能区：切换到"常用"选项卡，在"注释"面板中单击"表格"按钮 ；

② 选择菜单"绘图"|"表格"命令；

③ 经典模式：单击"绘图"工具栏里面的图标 ；

④ 在命令行中输入 table 命令（缩写 TB）。

2. "插入表格"对话框

执行上述命令后，弹出"插入表格"对话框，如图 5-17 所示。

① 表格样式：用于选择已创建好的表格样式。

② "插入选项"选项区：用于指定插入表格的方式。选中"从空表格开始"单选按钮，创建手动填充数据的空表格；选择"自数据链接"单选按钮，由外部电子表格中的数据创建表格；选择"自图形中的对象数据"单选按钮，将启动"数据提取"向导。

③ "预览"窗口：窗口内显示当前表格样式的样例。

④ "插入方式"选项区：选择"指定插入点"单选按钮，可以在绘图窗口中的某点插入固定大小的表格；选择"指定窗口"单选按钮，可以在绘图窗口中通过拖动表格边框来创建任意大小的表格。

⑤ "列和行设置"选项区：通过设置列数、数据行数、列宽及行高来确定表格的大小。

⑥ 设置单元样式：用于设置不包含起始表格的样式，指定该表格中行的单元格式。

（三）表格编辑

表格编辑包括编辑表格和编辑表格单元两个方面。

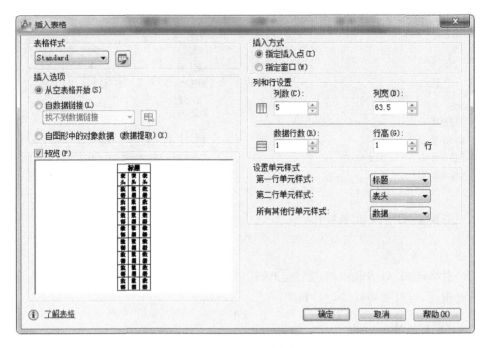

图 5-17 "插入表格"对话框

1. 编辑表格

（1）右键表格快捷菜单方式修改

单击表格的网格线，该表格即被选中，右击，弹出表格快捷菜单。可以对表格进行剪切、复制、删除、移动、缩放、旋转以及均匀调整表格的行、列大小等操作。选择"输出"命令，可以打开"输出数据"对话框，以.csv 格式输出表格中的数据。

（2）利用夹点编辑表格

当选中表格后，在表格的四周、标题行上将显示许多夹点，可以通过拖动这些夹点来编辑表格。各夹点的编辑功能如图 5-18 所示。

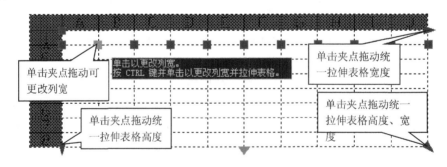

图 5-18 表格编辑

（3）利用"特性"面板编辑表格

选定表格后，选择"修改"菜单的"特性"，在特性对话框中可对表格进行参数调整编辑。

2. 编辑表格单元

在表格单元内单击即可选中该单元，单元边框将显示夹点，单击夹点拖动可以调整单元格大小,按 F2 键或在表格单元内双击可以输入、编辑该单元的文字。在表格内单击并拖动鼠标或按住 Shift 键在另一个单元内单击可以同时选择多个单元。编辑单元选定后,表格上方弹出表格单元编辑工具条,(见图 5 - 19)。编辑单元选定后单击可以使用工具栏,也可使用右键快捷菜单上的选项进行插入、删除行和列、合并单元格等操作。单元格的合并可以按照全部合并、按行合并和按列合并三种方式。

(a) "草图与注释"工作空间 "表格单元"工具栏

(b) "AutoCAD经典"工作空间 "表格单元"工具栏

图 5 - 19　表格单元编辑工具条

【实训三】利用表格创建如图 5 - 20 所示明细表。

5	RD	熔断器	1	JF5-2.5RD/2A		
4	1G	辅助开关	12	F1-6		
3	XJJ	电压继电器	2	DY-32/60C		
2	1XJ	信号继电器	1	DX-31BJ		
1	LK	凝露控制器	1	L2K(TH)AC220V		
序号	标　号	名　　称	数量	型号规格	单件 重量 / 总计 重量	备注

图 5 - 20　明细表

操作步骤:

① 单击样式工具栏中表格样式 按钮,创建名称为"标题栏"的表格样式,该表格样式以"Standard"样式为基础,参数设置如图 5 - 21 所示:对齐选择"正中";水平、垂直页边距设置为0;文字高度设置为5;表格方向"向上"。线框选项区中设置线宽 0.3,单击边框 按钮,设置周边粗实线。

注意:设置表格样式时,需要逐一对所需要单元样式下面所对应的三个选项卡(即常规、文字和边框)中的参数进行设置,通常,用户会将系统默认的三个单元样式(即标题、表头和数据)下的每个选项卡都进行需要的设置。

② 单击绘图工具条中表格绘制 按钮,以"标题栏"表格样式为当前样式,绘制表格。如图 5 - 22 所示。列宽暂定 8,后面再做调整。列数为 8,数据行为 7。

注意:第一、二行分别做标题和表头行,表格生成后再进行删除(下一步骤中将进行该操作)。

表格插入后先取消输入文字,待表格调整好后再输入。参数设置好以后,单击"确定"按钮,插入表格,如图 5 - 23 所示。

③ 鼠标拖动选择下方第一、二行,单击"删除行" 按钮,删除标题行和表头行。如图 5 - 24 所示。

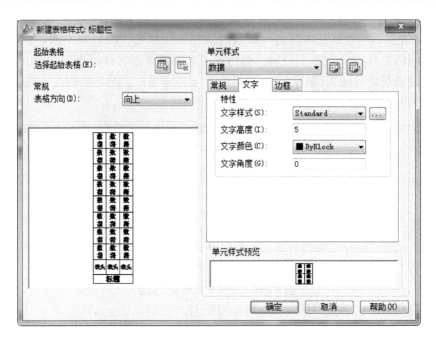

图 5 - 21　"标题栏表格样式"对话框

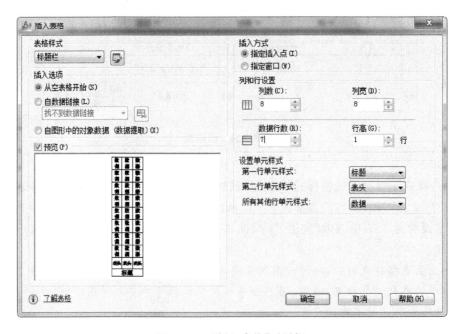

图 5 - 22　"插入表格"对话框

④ 单击左下角第一行第 A 列单元格,选择菜单"修改"|"特性",在"特性"对话框中(见图 5 - 25)修改单元格的宽度为 8,高度为 9。单击选择第一行第 B 列单元格,同样利用"特性"对话框调整宽度为 40,依次对第一行每个单元格进行宽度调整,第一行调整完后,单击选择第 A 列第 2 行单元格,利用"特性"对话框调整高度为 7,依次对第 A 列单元格进行高度调整,调整完后,结果如图 5 - 26 所示。

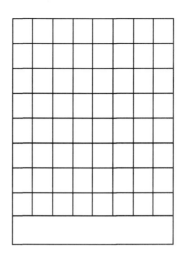

图 5 – 23 第一次插入表格后的结果

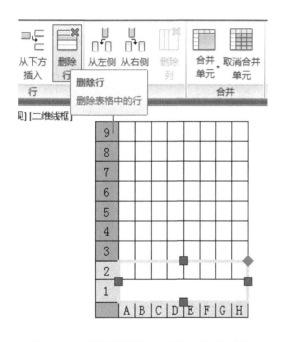

图 5 – 24 删除步骤②中多插入的两行表格

图 5 – 25 "特性"对话框

⑤ 合并相应的单元格:单击表格工具栏 ▼按钮,按行、列分别合并单元格。合并后结果如图 5 – 27 所示。

⑥ 在单元格内双击,可进入文字输入状态。汉字选择 txt,gbcbig 字体,数字与字母选择 Times New Roman 字体。

注意:调整表格单元大小时也可以利用夹点来拖动。例如调整宽度为 10 mm 单元格:单击单元格右侧列线夹点,命令行显示:

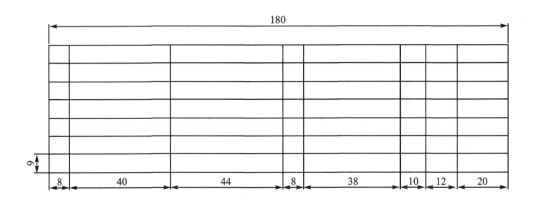

图 5 - 26 调整单元格高度和宽度后的表格

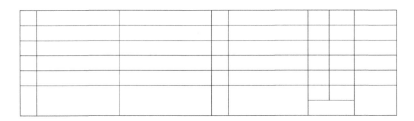

图 5 - 27 合并单元格

指定拉伸点或［基点(B)/复制(C)/放弃(U)/退出(X)］:FROM

基点:(单击单元格左侧列线的夹点)

＜偏移＞:@10＜0

【实训四】绘制留有装订边的 A4 图框以及标题栏,如图 5 - 28 所示(标题栏大图见图 5 - 29),并且存为样板文件 A4.dwt(A4 图幅大小详见项目七中的表 7 - 1)。

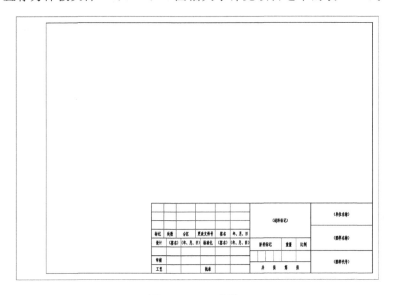

图 5 - 28 A4 图框

操作步骤：

① 绘制矩形，第一角点"0,0"，对角点"@297,210"；绘制矩形，第一角点"25,5"，对角点"@267,200"。结果如图 5 - 30 所示。

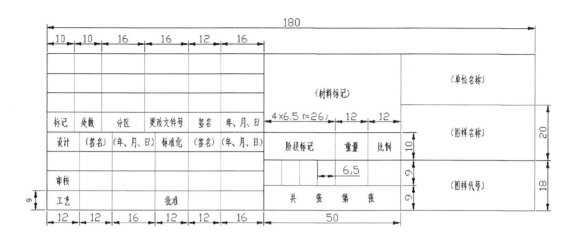

图 5 - 29　标题栏

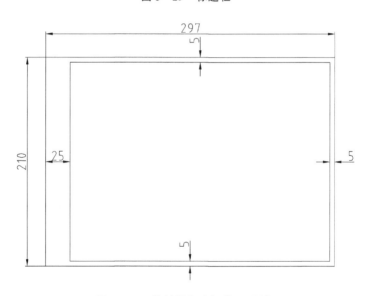

图 5 - 30　绘制留有边框的 A4 图幅

② 设置文字样式，新建文字样式 HZ。

③ 修改表格样式 Standard，基本选项区设置：表格方向"向上"；对齐"居中"；类型为"数据"；水平，垂直设为 0；文字选项区设置：高度为 3.5 mm。

④ 由于标题栏里面表格线错动较多，标题栏使用 4 个表格进行制作。先插入第一个表格，插入表格对话框中设置列数为 1，数据行数为 3，列宽为 50 mm。

⑤ 插入表格后删除标题行和表头行。利用单元格特性调整单元格的高度，表格调整好后移动表格至图框位置。

⑥ 插入第二个表格，"插入表格"对话框设置列数为 6，列宽为 6.5 mm，数据行数为 4。插

入表格后删除标题行和表头行。利用单元格特性调整第一行和第一列各单元格的高度和宽度,同时将相应的单元格进行合并。表格调整好后移动表格至图框位置。

⑦ 插入第三个表格,"插入表格"对话框设置列数为 6,列宽为 12,数据行数为 4。操作步骤与步骤⑥相同。结果如图 5-31 所示。

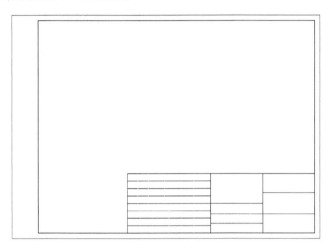

图 5-31 插入表格后结果

⑧ 插入第四个表格,插入表格对话框设置列数为 6,列宽为 10 mm,数据行数为 4。

⑨ 单击相应的单元表格,直接输入文字,结果如图 5-28 所示。

【实战演练】

1. 制作留有装订边的 A3. dwt 样板文件,并且在图纸的右下角添加图(1)所示的图衔。A3 图幅大小详见项目七中的表 7-1。

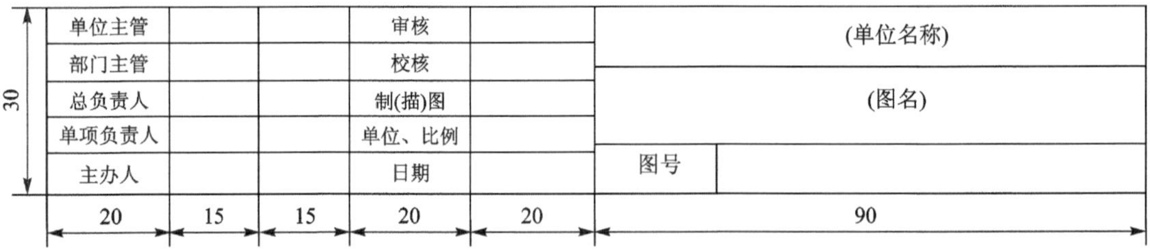

单位主管			审核		(单位名称)
部门主管			校核		
总负责人			制(描)图		(图名)
单项负责人			单位、比例		
主办人			日期	图号	
20	15	15	20	20	90

（左侧标注 30）

图(1)

2. 利用表格功能,绘制图(2)所示标题栏。

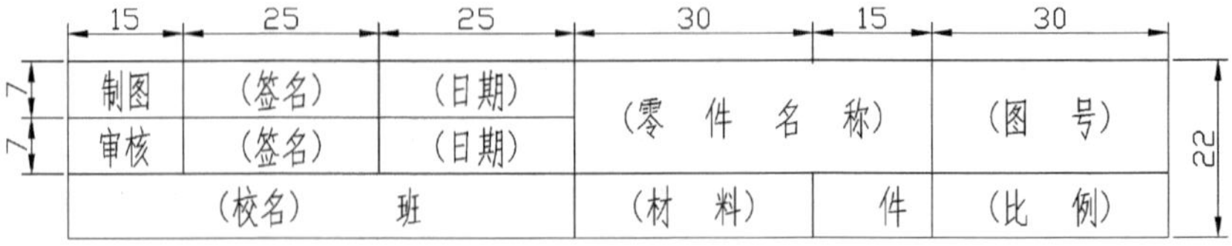

15	25	25	30	15	30
制图	(签名)	(日期)	(零件名称)		(图号)
审核	(签名)	(日期)			
(校名) 班			(材料)	件	(比例)

（左侧标注 7 7，右侧标注 22）

图(2)

3. 完成图（3）材料明细表。

材料明细表

序　号	符　号	名　称	型号规格	单　位	数　量	备　注
1	QF1	塑壳断路器	CW1-225 3P　200 A	只	1	
2	QF2-OF3	塑壳断路器	CW1-225 3P　100 A	只	2	
3	FU1-FU3	熔断器	RT14-20　10 A	套	3	
4	KA1-KA2	中间继电器	JZC1-44　AC220 V	个	2	
5	KT1-KT4	时间继电器	AH3-3 10S\220 V	个	4	
6	SA	功能转换开关	LW5-16\2P	个	1	
7	1KM1-2KM3	交流接触器	CFC8-85	个	6	
8	1HR-2HR	热继电器	R-85A	个	2	
9	SF1-SF2	停止按钮	LY7-10	个	2	红色
10	SS1-SS2	启动按钮	LY7-10	个	2	绿色
11	HG1-HG2	停止指示灯	AD16-22\40　220 V	个	2	绿色
12	HR1-HR2	运行指示灯	AD16-22\40　220 V	个	2	红色
13	HY1-HY2	启动指示灯	AD16-22\40　220 V	个	2	黄色

图（3）

项目六 尺寸标注

任务一 尺寸标注的组成与规则

对于工程制图来讲,精确的尺寸是工程技术人员照图施工的关键,因此,在工程图纸中,尺寸标注是非常重要的一个环节。AutoCAD 根据工程实际情况,为用户提供了各种类型的尺寸标注方法,并提供了多种编辑尺寸标注的方法。

(一) 尺寸标注的组成

如图 6-1 所示,一个完整的尺寸标注应由尺寸数字、尺寸线、尺寸界线和箭头符号四部分组成。

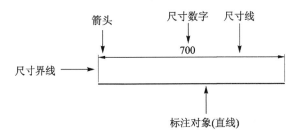

图 6-1 尺寸标注的组成

下面分别介绍各组成部分的含义。

◆ 尺寸线:用于指示标注的方向和范围。默认状态下尺寸线位于两个尺寸界线之间,尺寸线的两端设有起止符号,并且尺寸数字沿着尺寸线的方向书写。对于角度标注,尺寸线是一段圆弧。

◆ 尺寸界线:由测量点引出的延伸线,用于指示尺寸标注的范围。

◆ 尺寸数字:用于指示标注对象的实际测量值,可以包含前缀、后缀和公差。

◆ 箭头:也称终止符号,用于标出尺寸线和尺寸界线的交点。箭头可以采用多种形式,如斜线、圆点、空心箭头、实心箭头等。

(二) 尺寸标注的规则

① 物体的真实大小应以图样上所标注的尺寸数值为依据,与图形的大小及绘图的准确度无关。

② 图样中的尺寸以毫米为单位时,不需要标注计量单位的名称或代号。如果采用其他单位时,则必须注明,如度、厘米等。

③ 图样中所标注的尺寸为该图样所表示的物体的最后完工尺寸,否则应另加说明。

④ 一般对象的每一尺寸只标注一次。

任务二　创建尺寸标注

（一）创建尺寸标注的一般步骤

① 创建一个独立的图层,用于尺寸标注;

② 创建一种文字样式,用于尺寸标注;

③ 设置标注样式;

④ 使用对象捕捉和标注等功能,对图形中的元素进行标注。

（二）设置尺寸标注样式

AutoCAD 提供了多种标注样式和多种设置标注样式的方法。可以指定所有图形对象和图形的测量值,可以测量垂直和水平距离、角度、直径和半径,创建一系列从公共基准线引出的尺寸线,或者采用连续标注。

如果开始绘制新的图形并选择公制单位,ISO—25(国际标准化组织)是默认的标注样式。标注样式可通过菜单"标注→标注样式"(见图 6 - 2)和"格式→标注样式"进行创建和修改。

1. 创建标注样式

① 在菜单栏"标注"中选择"标注样式"打开图 6 - 3 所示"标注样式管理器"对话框。或者在命令栏内输入 DIM-STYLE,即可打开"标注样式管理器"对话框。该对话框可以用来创建新样式,还可执行"修改""替代""比较"等样式管理。

② 在"标注样式管理器"对话框(见图 6 - 3)中选择"新建"打开"创建新标注样式"对话框(见图 6 - 4)。

可在"创建新标注样式"对话框中输入新样式名。

③ 选择要用作新样式的基础样式。如果没有创建新样式,将以 ISO—25 为基础创建样式。

④ 指出要使用新样式的标注类型,默认状态为"所有标注"。也可指定应用于其他特定标注类型的设置。如图 6 - 5 所示。例如:假定 ISO—25 样式的文字颜色是黑色的,但只想让半径标注中的文字颜色为蓝色。可以在"基础样式"下选择 ISO—25,在"用于"下选择"半径标注",设置文字颜色为"蓝色"。这样无论何时,当对半径进行标注使用 ISO—25 样式时,文字始终是蓝色的。但对其他标注类型,文字为黑色。

⑤ 选择"继续"打开图 6 - 6 所示"新建标注样式"对话框。

⑥ 在"新建标注样式"对话框中,可选择"线""符号和箭头""文字""调整""主单位""换算

图 6 - 2　标注菜单

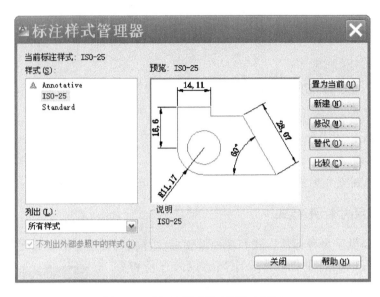

图 6 - 3 "标注样式管理器"对话框

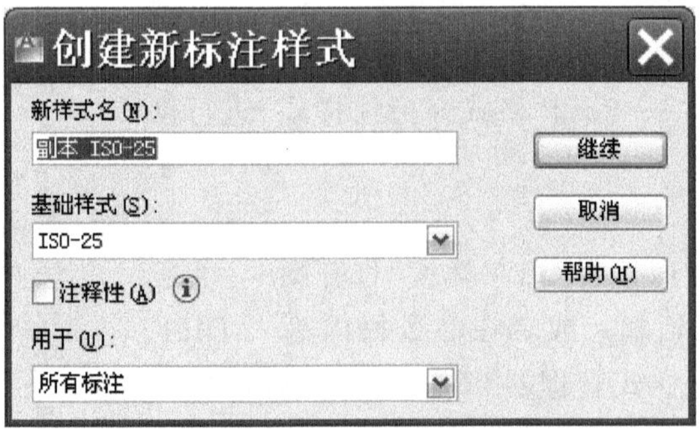

图 6 - 4 "创建新标注样式"对话框

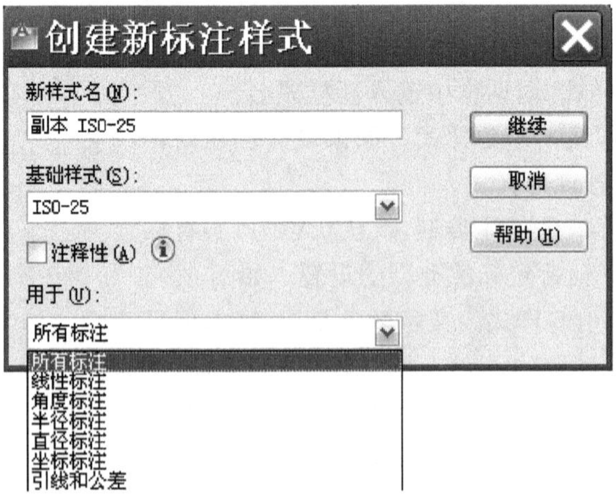

图 6 - 5 新样式的标注类型

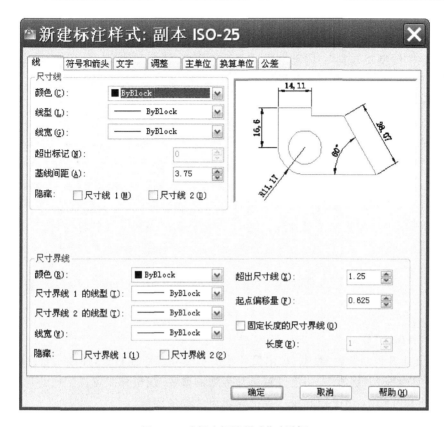

图 6 – 6 "新建标注样式"对话框

单位"和"公差"七种选项卡输入新样式的标注设置。

◆ 线：设置尺寸线、尺寸界线外观和作用。

◆ 符号和箭头：设置箭头、圆心标记、折断标注、弧长符号、半径折弯标注和线性折弯标注的外观和作用。

◆ 文字：设置标注文字的外观、位置、对齐和移动方式。

◆ 调整：设置控制 AutoCAD 放置尺寸线、尺寸界线和文字的选项；同时，还定义全局标注比例。

◆ 主单位：设置线性和角度标注单位的格式和精度。

◆ 换算单位：设置换算单位的格式和精度。

◆ 公差：设置尺寸公差的值和精度（在电气工程制图中应用较少不做详细介绍）。

⑦ 在"新建标注样式"对话框的选项卡中完成修改之后，选择"确定"按钮返回"标注样式管理器"。

⑧ 要使新建标注样式改为当前标注样式，应在样式列表区选中该样式后单击"置为当前"按钮。

2. 设置"线"选项卡

使用"新建标注样式"对话框中的"线"选项卡设置尺寸线、尺寸界线的格式。该选项卡中各设置区的意义如下：

(1)"尺寸线"

可设置尺寸线的颜色、线型、线宽、超出标记、基线间距和尺寸线的隐藏尺寸控制。

◆ "颜色""线型""线宽":用于设置尺寸线的颜色、线型和线宽。

◆ "超出标记":用于控制在使用倾斜、建筑标记、积分箭头或无箭头时,尺寸线延长到尺寸界线外面的长度。

◆ "基线间距":控制使用基线尺寸标注时,两条尺寸线之间的距离。

◆ "隐藏"右边的"尺寸线1"和"尺寸线2"框:用于控制尺寸线两个组成部分的可见性。尺寸线被标注文字分成两部分,即使标注文字未被放置在尺寸线内。AutoCAD通过设置标注点的次序判断第一条和第二条尺寸线,对于角度标注,第二条尺寸线从第一条尺寸线按逆时针旋转。如果通过选择对象创建标注,AutoCAD基于选定的几何图形判断第一条和第二条尺寸线。图6-7为隐藏一条尺寸线的标注情况。

(a) 隐藏第一条尺寸线　　　(b) 隐藏第二条尺寸线

图6-7　设置隐藏尺寸线

(2)"尺寸界线"

可设置尺寸界线的颜色、线宽、超出尺寸线的长度和起点偏移量,控制是否隐藏尺寸界线。

◆ "颜色""线型""线宽":用于设置尺寸界线的颜色、线型和线宽。

◆ "超出尺寸线":用于控制尺寸界线越过尺寸线的距离。

◆ "起点偏移量":用于控制尺寸界线到定义点的距离,但定义点不会受到影响。

◆ "隐藏"右边的"尺寸界线1"和"尺寸界线2":用于控制第一条和第二条尺寸界线的可见性,定义点不受影响,如图6-8所示。

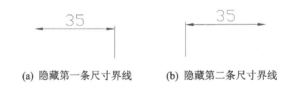

(a) 隐藏第一条尺寸界线　　　(b) 隐藏第二条尺寸界线

图6-8　设置隐藏尺寸界线

3. 设置"符号和箭头"选项卡

图6-9所示为"符号和箭头"选项卡,可对其进行相应的设置。

(1)"箭头"

用于选择尺寸线和引线(对应引线标注)箭头的种类(见图6-10)及定义它们的尺寸大小。

(2)"圆心标记"

用于控制圆心标记的类型和大小。默认状态下,选择类型为"标记"时,只在圆心位置以短十字线标注圆心,该十字线的长度由"大小"编辑框设定;选择类型为"直线"时,表示标注圆心标记时标注线将延伸到圆外,其后的"大小"编辑框用于设置中间小十字标记和长标注线延伸到圆外的尺寸;选择类型为"无"时,将关闭中心标记。

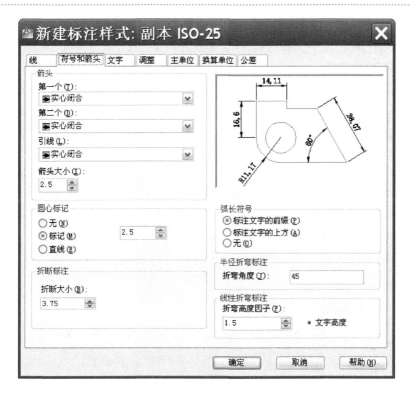

图 6-9 "符号和箭头"选项卡

图 6-10 箭头的种类

（3）"折断标记""弧长符号""半径折弯标注""线性折弯标注"

设置折断大小、标注文字位置、折弯角度和折弯高度因子。

4．设置"文字"选项卡

打开标注样式中的"文字"选项卡，如图 6－11 所示，可进行相关项目的设置。

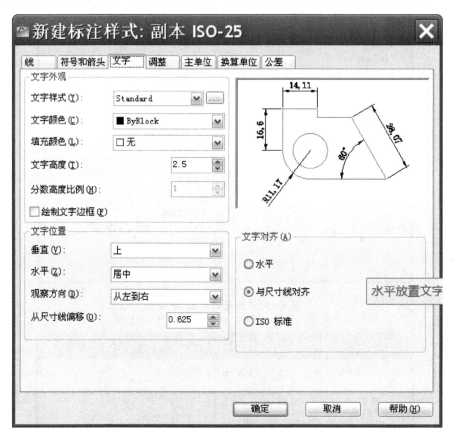

图 6－11　"文字"选项卡

（1）"文字外观"

用于设置文字的样式、颜色、角度和分数高度比例，以及控制是否绘制文字边框。

"文字高度"可编辑当前标注文字的高度，"分数高度比例"用于设置标注分数和公差的文字高度，AutoCAD 把文字高度乘以该比例，用得到的值来设分数和公差的文字高度。

（2）"文字位置"

控制文字的垂直、水平位置以及距尺寸线的偏移。

◆ 垂直：该选项控制标注文字相对于尺寸线的垂直位置，包括"置中""上方""外部""JIS"
（见图 6－12）。

● "置中"：标注文字居中放置在尺寸界线间。

● "上方"：当标注文字与尺寸线平行时，在尺寸线的上方放置标注文字。所有设置均
基于 X 和 Y 方向。

● "外部"：标注文字位于被标注对象的外部，不考虑其 X 和 Y 方向。

● "JIS"：标注文字的放置符合 JIS（日本工业标准）。即总是把标注文字放在尺寸线

上方,而不考虑标注文字是否与尺寸线平行。

图 6 - 12　设置标注文字垂直放置方法

◆ 水平：该选项用于控制标注文字在尺寸线方向上相对于尺寸界线的水平位置,如图 6 - 13 所示。
- "置中"：标注文字沿尺寸线方向,在尺寸界线之间居中放置。
- "第一条尺寸界线"：文字沿尺寸线放置并且左边和第一条尺寸界线对齐。文字和尺寸界线的距离为箭头尺寸加文字间隔值的 2 倍。
- "第二条尺寸界线"：文字沿尺寸线放置并且左边和第二条尺寸界线对齐。文字和尺寸界线的距离为箭头尺寸加文字间隔值的 2 倍。
- "第一条尺寸界线上方"：将文字放在第一条尺寸界线上或沿第一条尺寸线放置。
- "第二条尺寸界线上方"：将文字放在第二条尺寸界线上或沿第二条尺寸线放置。

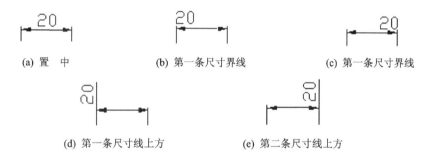

图 6 - 13　设置标注文字水平放置的方法

◆ 从尺寸线偏移：设置文字间距,即当尺寸线断开以容纳标注文字时标注文字周围的距离,如图 6 - 14 所示。

图 6 - 14　不同文字间距的标注文字放置方法

（3）"文字对齐"

控制文字水平或是与尺寸线平行。
◆ 水平：沿 X 轴水平放置文字,不考虑尺寸线的角度。
◆ 与尺寸线对齐：文字与尺寸线对齐。

◆ ISO 标准：当文字在尺寸界线内时，文字与尺寸线对齐。当文字在尺寸界线外时，文字水平排列。

5. 设置"调整"选项卡

在图 6-15 所示的"调整"选项卡中进行设置，可控制文字、箭头、引线和尺寸线的位置。

图 6-15 "调整"选项卡

（1）调整选项

该选项根据尺寸界线之间的空间控制标注文字和箭头的放置，其默认设置为"文字或箭头（最佳效果）"。当两条尺寸界线之间的距离足够大时，AutoCAD 总是把文字和箭头放在尺寸界线之间。否则，AutoCAD 按此处的选择移动文字或箭头，各单选按钮的意义如下：

◆ 箭头：选择后，可将标注箭头外置。

◆ 文字：选择后，可将标注文字外置。

◆ 文字和箭头：选择后，可将标注箭头、文字全部外置。

◆ 文字始终保持在尺寸界线之间：选择后，将文字始终放置在尺寸界线内。

◆ 若不能放置在尺寸界线内，则消除箭头复选框；如果不能将箭头和文字放在尺寸界线内，则隐藏箭头（见图 6-16）。

（2）文字位置

设置标注文字的位置。标注文字默认状态是位于尺寸线之间，当文字无法放置在默认位置时，可通过此处选择设置标注文字的放置位置（示例结果如图 6-17 所示）。

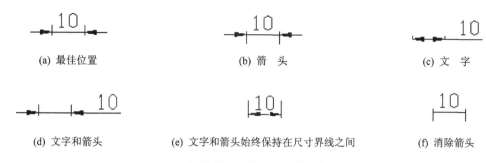

(a) 最佳位置   (b) 箭 头   (c) 文 字

(d) 文字和箭头   (e) 文字和箭头始终保持在尺寸界线之间   (f) 消除箭头

图 6-16 调整选项中的文字和箭头标注位置

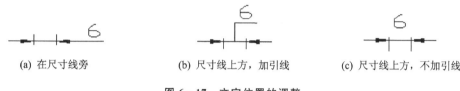

(a) 在尺寸线旁   (b) 尺寸线上方，加引线   (c) 尺寸线上方，不加引线

图 6-17 文字位置的调整

（3）标注特征比例

设置全局标注比例或图纸空间比例，如图 6-18 所示。

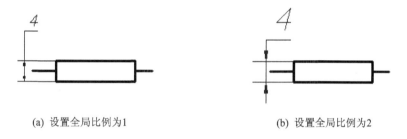

(a) 设置全局比例为1   (b) 设置全局比例为2

图 6-18 设置全局比例控制尺寸标注

（4）优 化

设置其他调整选项。可"手动放置文字"，或可以"在尺寸界线之间绘制尺寸线"。

6. 设置"主单位"选项卡

如图 6-19 所示，可设置主单位尺寸标注的格式、精度、前缀和后缀。

（1）线性标注

设置线性标注的格式和精度。

◆ 单位格式：设置除角度外所有标注类型的单位格式，可供选项有："科学""小数""工程""建筑""分数"和"Windows 桌面"。

◆ 精度：设置标注文字中保留的小数位数。

◆ 分数格式：设置分数的格式，该选项只有当"单位格式"选择了"分数"才有效。

◆ 小数分隔符：设置十进制的整数部分和小数部分间的分隔符。

◆ 舍入：依据精度设置，将测量值舍入到指定值。

◆ "前缀"和"后缀"：设置放置在标注文字前、后的文本。如在"前缀"文本框中输入"％％C"，可输入"∅"；在"后缀"文本框中输入"％％D"，可输入单位"°"，如图 6-20 所示。

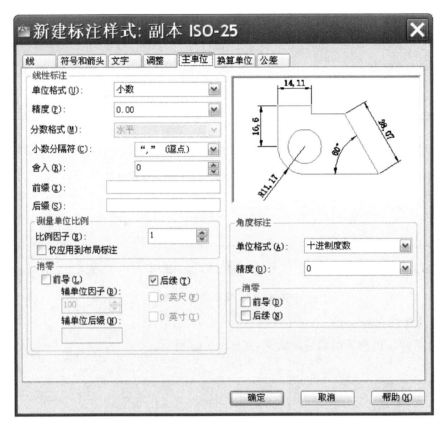

图 6-19 "主单位"选项卡

（2）测量单位比例

设置比例因子及控制该比例因子是否仅应用到布局标注。

（3）消 零

控制前导和后续零、英尺和英寸里零是否输出。

前导：如果选择该选项，系统不输出十进制尺寸的前导

零。如：0.110 变成.110。

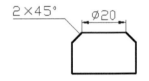

图 6-20 尺寸加前缀"∅"和加后缀"°"

后续：如果选择该选项，系统不输出十进制尺寸的后续

零。如：0.110 变成 0.11；32.000 变成 32。

0 英寸/英尺：对于建筑单位，可以选择隐藏 0 英尺和 0 英寸。如果隐藏 0 英尺，则 0'-8"将显示为 8"。如果隐藏 0 英寸，则 6'-0"将显示为 6'。

（4）角度标注

设置角度标注的格式（可参照"线性标注"）。

7. 设置"换算单位"选项卡

如图 6-21 选项卡中设置换算单位的格式和精度。

（1）换算单位倍数：将主单位与输入的值相乘创建换算单位。

（2）位置：设置换算单位的位置，可以在主单位的后面或下方。

8. 设置"公差"选项卡

可以在图 6-22 所示的选项卡中设置显示允许尺寸变化的范围。

图 6 – 21 "换算单位"选项卡

图 6 – 22 "公差"选项卡

（1）方式：设置公差类型。

（2）精度：设置公差值的小数位数。

（3）上偏差：设置偏差的上界以及界限的表示方式，AutoCAD在对称公差中也使用此值。

（4）下偏差：设置偏差的下界以及界限的表示方式。

（5）高度比例：将公差文字高度设置为主测量文字高度的比例因子。

（6）垂直位置：设置对称和极限公差的垂直位置。

【实训一】绘制如图6-23所示的图，并设置合适的标注样式，标注尺寸。

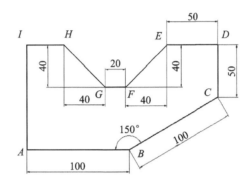

图6-23 绘制图

绘图步骤如下：

命令：_line指定第一点：

指定下一点或 [放弃(U)]：100

指定下一点或 [放弃(U)]：@100<30

指定下一点或 [闭合(C)/放弃(U)]：50

指定下一点或 [闭合(C)/放弃(U)]：50

指定下一点或 [闭合(C)/放弃(U)]：@-40,-40

指定下一点或 [闭合(C)/放弃(U)]：20

指定下一点或 [闭合(C)/放弃(U)]：@-40,40

指定下一点或 [闭合(C)/放弃(U)]：（这步先把光标捕捉到 A 点，不要选择，采用虚拖的方法，寻找直线 AI 和 IH 的垂直交点后再单击确定，方法如图6-24所示）

指定下一点或 [闭合(C)/放弃(U)]：c

结果如图6-25所示。

标注步骤如下：

① 选择"线性"标注 ⊢，标注水平与垂直的直线 AB、CD、DE、GF、IH、AI 的。

② 选择"对齐"标注 ⬐，对斜线 BC 采用"对齐"标注。斜线 EF、GH 采用"线性"标注。

③ 选择"角度"标注 △，对∠ABC进行标注。结果如图6-23所示。

（三）尺寸标注生成方法

AutoCAD提供了十几种标注用于测量设计对象。在生成标注时，可以用"标注"菜单或工具栏，或在命令行中输入标注命令。通过在"标准"工具栏的任意空白处右击，然后选中"标注"，可显示"标注"工具栏，如图6-26所示。

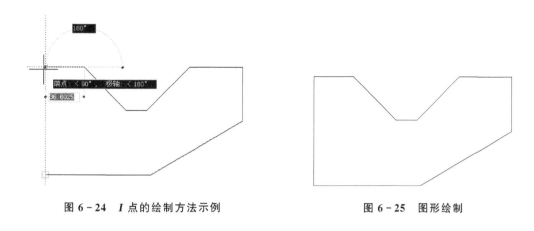

图 6 - 24 *I* 点的绘制方法示例   图 6 - 25 图形绘制

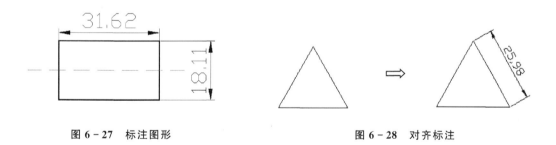

图 6 - 26 标注工具栏

1. 线性标注

线性标注⊢(命令：DIMLINEAR)表示当前用户坐标系平面中的两个点之间的距离测量值，用于绘制水平和垂直方向的尺寸，可以指定点或选择一个对象，如图 6 - 27 所示。

2. 对齐标注

对齐标注✎(命令：DIMALIGNED)，又称实际长度标注，创建一个与标注点对齐的线性标注，可用于标注任意方向的长度尺寸，标注提示过程与"线性标注"类似，示例如图 6 - 28 所示。

图 6 - 27 标注图形   图 6 - 28 对齐标注

3. 坐标标注

坐标标注🗽(命令：DIMORDINATE)基于一个原点(称为基准)显示任意图形点的 *X* 或 *Y* 坐标，如图 6 - 29 所示。

4. 弧长标注

弧长标注🗽(命令：DIMARC)是测量一段弧线段长或多线段弧线段长(示例如图 6 - 30 所示)。

5. 半径标注和折弯标注

如图 6 - 31 所示为圆弧半径标注⊙(命令：DIMRADIUS)和直径折弯标注🗽(命令：DIMJOGGED)。

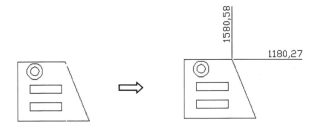

图 6-29　坐标标注

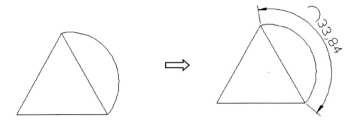

图 6-30　弧长标注

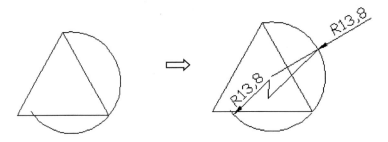

图 6-31　半径与折弯标注

6．直径标注和角度标注

直径标注 ◎（命令：DIMDIAMETER）测量圆的直径,角度标注 △（命令：DIMANGU-LAR）测量圆和圆弧的角度、两条直线间的角度,或者三点间的角度（示例如图 6-32 所示）。

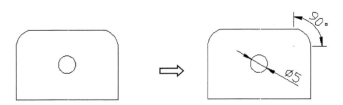

图 6-32　直径与角度标注

7．创建圆心标记和中心线

如图 6-33 所示,创建圆心标记和中心线 ⊙（命令：DIMCENTER）可以指出圆或圆弧的圆心,并可设置标记和中心线的尺寸格式。

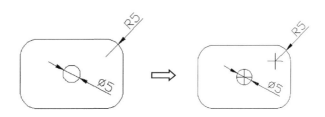

图 6-33 直径与角度标注

8. 创建基线标注和连续标注

在设计标注时,可能需要创建一系列标注,这些标注都是从同一个基准面或基准引出。基线和连续标注可以完成这些任务。

(1) 创建基线标注

创建基线标注 （命令：DIMBASELINE），如图 6-34 所示。

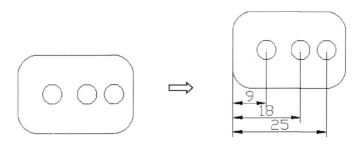

图 6-34 基线标注

注意：两个尺寸标注之间的间距在"基线间距"中进行设置。

(2) 创建连续标注

创建连续标注 （命令：DIMCONTINUE），如图 6-35 所示。

图 6-35 连续标注

创建连续标注的步骤如下：

① 创建基本的线性、坐标或角度标注,所指定的第二个点是第一个连续标注的原点。

② 从"标注"菜单或工具栏中选择"连续"标注。AutoCAD 使用基准标注的第二个尺寸界线作为原点,并提示放置第二个尺寸界线点。

③ 指定第二个尺寸界线点。

④ 继续选择其他尺寸界线原点,直到完成连续标注序列。

⑤ 按回车结束命令。

9. 快速标注和快速引线标注

① 可以使用快速标注 （命令：QDIM）来一次标注多个对象,可快速创建成组的基线、连续、阶梯和坐标标注、快速标注多个圆和圆弧,并编辑现有标注的布局(如图 6-36 示例)。

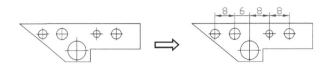

图 6-36　快速标注

② 常用快速引线标注(命令：QLEADER)可标注倒角、螺纹、孔等，下面以图 6-37 为例进行具体介绍。

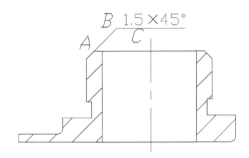

图 6-37　快速引线标注

在命令行内输入 QLEADER 命令，执行"快速引线标注"命令。命令提示过程如下：

命令：QLEADER

指定第一个引线点或[设置(S)]<设置>：　//在弹出的"引线设置"对话框中"注释类型"选项卡中选择"多行文字"按钮；在"引线和箭头"选项卡中，将"箭头"设为"无"；"附着"选项卡中，勾选"最后一行加下划线"，选择"确定"按钮，如图 6-38 所示。

指定第一个引线点或[设置(S)]<设置>：　//指定引线起点 A

指定下一点：　//指定引线第二点 B

指定下一点：　//指定引线第三点 C

指定文字宽度 <0>：　//按下空格或者回车键

输入注释文字的第一行 <多行文字(M)>：　//输入 1.5×45%%D(输入 1.5×45°)

输入注释文字的下一行：　//按下 ENTER 键退出命令

(a) "注释"选项卡参数设置

(b) "引线和箭头"选项卡参数设置

图 6-38　"引线设置"对话框

(c) "附着"选项卡设置

图 6 – 38 "引线设置"对话框(续)

任务三 编辑尺寸标注

AutoCAD常用的尺寸标注修改用四种方法,一是利用"特性"工具栏进行修改;二是利用"标注"工具栏进行修改;三是利用右键菜单进行修改;四是利用命令进行修改。

1. 利用"特性"工具栏进行修改

双击待修改的尺寸标注或选择菜单中"修改"|"特性",将弹出对象"特性"工具栏,然后可选中尺寸标注进行修改。可对"直线和箭头""文字""调整""主单位""换算单位"和"公差"进行修改,如图 6 – 39 所示。

图 6 – 39 "特性"工具栏

2.利用"标注"工具栏进行修改

可单击"标注"工具栏上的 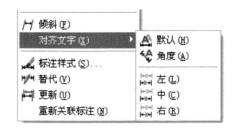 和 进行尺寸标注的编辑和修改。此外还可选择"标注"菜单中"对齐文字"进行相应的修改,如图 6 - 40 所示。

图 6 - 40 在"标注"菜单下的"对齐文字"中进行尺寸标注的修改

3.利用右键级联菜单进行修改

选中待修改的尺寸标注,在右击弹出的菜单中进行"标注文字位置""精度""标注样式""翻转箭头"等的修改,如图 6 - 41 所示。

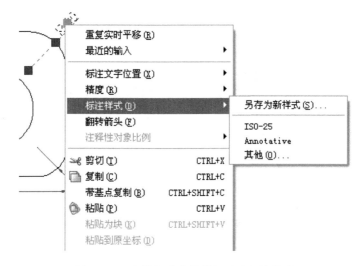

图 6 - 41 右键级联菜单进行尺寸标注修改

4.用 DIMTEDIT、DIMEDIT 等命令修改尺寸标注

创建标注后,用户即可编辑或替换标注文字、修改标注文字特性和旋转角,还可以将文字移到新位置或返回起始位置。

要编辑标注文字的位置,请在该标注上右击并从弹出的快捷菜单中选择一个文字位置选项,可以移动文字或把文字移回到默认位置。

【实训二】利用所学方法编辑尺寸标注。

1.利用对象"特性"工具栏对图 6 - 42(a)中的尺寸标注进行编辑。

操作步骤:

① 双击要修改的尺寸标注,弹出"特性"对话框,且该尺寸标注呈夹点显示,如图 6 - 42(b)所示。

② 在"特性"对话框中展开"文字"选项,在"文字替代"中输入"％％c＜　＞",然后关闭对话框(按下 ESC 键取消尺寸的夹点显示),结果如图 6-42(c)所示。

(a) 原　图　　　　　(b) 夹点显示状态　　　　(c) 文字替代后结果

图 6-42　修改标注文字

2. 调用 DIMTEDIT 命令,对图 6-43(a)中的尺寸标注进行编辑。

操作步骤:

在命令行输入 DIMTEDIT 命令,对标注文字的位置进行修改。命令提示过程如下:

命令:DIMTEDIT

选择标注://选择一个尺寸标注对象

指定标注文字的新位置或 [左(L)/右(R)/中心(C)/默认(H)/角度(A)]://输入选项 L,将文本沿尺寸线方向左对齐,见图 6-43(a)

指定标注文字的新位置或 [左(L)/右(R)/中心(C)/默认(H)/角度(A)]://输入选项 R,将文本沿尺寸线方向右对齐,见图 6-43(b)

指定标注文字的新位置或 [左(L)/右(R)/中心(C)/默认(H)/角度(A)]://输入选项 C,将文本置于尺寸线中心,见图 6-43(c)

指定标注文字的新位置或 [左(L)/右(R)/中心(C)/默认(H)/角度(A)]://输入选项 H,将文本移到默认位置

指定标注文字的新位置或 [左(L)/右(R)/中心(C)/默认(H)/角度(A)]://输入选项 A,将文本旋转指定角度,见图 6-43(d)

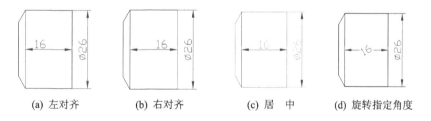

(a) 左对齐　　　　(b) 右对齐　　　　(c) 居　中　　　　(d) 旋转指定角度

图 6-43　利用 DIMTEDIT 命令修改尺寸标注

【实战演练】

按下列图(1)～(6)中的要求进行相关尺寸标注。

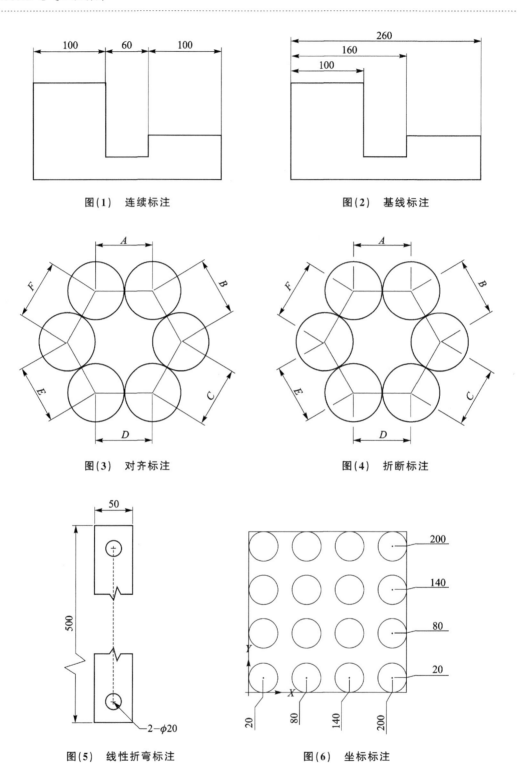

图(1) 连续标注

图(2) 基线标注

图(3) 对齐标注

图(4) 折断标注

图(5) 线性折弯标注

图(6) 坐标标注

项目七　电气工程图的基本知识

任务一　电气制图的一般规定

(一) 图纸幅面及格式

1. 图纸的幅面尺寸

为了图纸规范统一,便于使用和保管,绘制技术图样时,应优先选用表 7 - 1 中规定的基本幅面。必要时,也允许选用加长幅面,这些加长幅面的尺寸是由基本幅面的短边整数倍增加后得出的。如图 7 - 1 所示,A0、A1、A2、A3、A4 为优先选用的基本幅面;A3×3、A3×4、A4×3、A4×4、A4×5 为第二选择的加长幅面;虚线所示为第三选择的加长幅面。

表 7 - 1　图纸的优选实际幅面　　　　　　　　　　　　　　　　　mm

代　号	A0	A1	A2	A3	A4
尺寸	841×1189	594×841	420×595	297×420	210×297
边宽	10			5	
装订侧边宽	25				

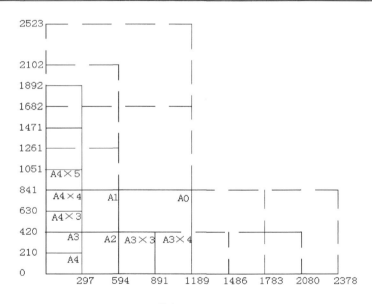

图 7 - 1　基本幅面和加长幅面

2. 图框格式

① 在图纸上必须用粗实线画出图框,其格式分为不留装订线边和留装订线边两种,但同一产品的图样只能选用一种格式。

② 留有装订边的图纸,装订侧边宽一般为 25 mm,对 A0、A1、A2 三种幅面,边宽为 10 mm;对 A3、A4 两种幅面,边宽为 5 mm,如表 7-1 所列。

③ 当图纸张数较少或用其他方法保管而不需要装订时,其图框格式为不留装订边方式。图纸的四个周边尺寸相同,对 A0、A1 两种幅面,边宽为 20 mm;其余三种幅面边宽为 10 mm。

④ 图框的线宽。图框分为内框和外框,两者的线宽不同。图框的内框线,根据不同的幅面,不同的输出设备宜采用不同的线宽,内框的线宽设置如表 7-2 所列。各种幅面的外框线均为 0.25 mm 的实线。

表 7-2 图框内框线宽

幅 面	绘图机类型	
	喷墨绘图机	笔式绘图机
A0、A1 及加长图	1.0 mm	0.7 mm
A2、A3、A4 及加长图	0.7 mm	0.5 mm

3. 标题栏

① 每张图纸都必须画出标题栏。标题栏的格式和尺寸应遵照 GB/T 10609.1—1989《技术制图标题栏》的规定。标题栏的位置应位于图纸的右下角,国内工程通用标题栏的基本信息及尺寸如图 7-2 所示。

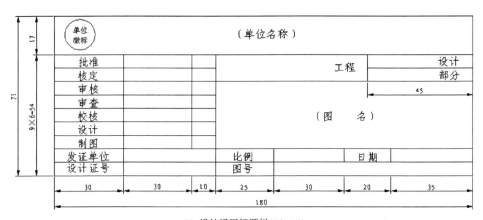

(a) 设计通用标题栏(A0~A1)

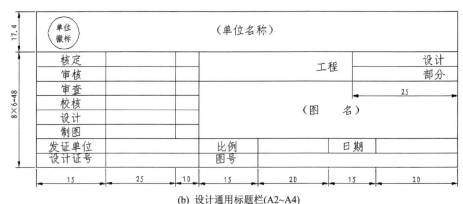

(b) 设计通用标题栏(A2~A4)

图 7-2 标题栏的格式

② 标题栏的长边置于水平方向并与图纸的长边平行时,则构成 X 型图纸,如图 7-3(a)所示。若标题栏的长边与图纸的长边垂直时,则构成 Y 型图纸,如图 7-3(b)所示。

③ 课程(毕业)设计可参考如图 7-4 所示简化的标题栏。

④ 不同行业也可以制定行业范围内应用的标题栏,但基本信息项必须包括。

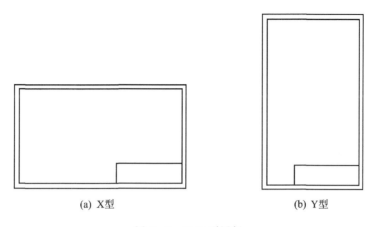

(a) X型　　　　　　　　　　(b) Y型

图 7-3　X、Y 型图低

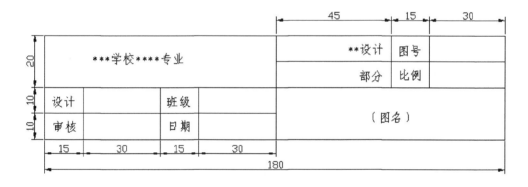

图 7-4　课程设计用简化标题栏

4. 图幅分区

① 图幅分区是当图上的内容很多时,能迅速找到图上某内容的分区方法。图幅分区可采用细实线在图纸周边画出分区,如图 7-5 所示。

② 图幅分格数应为偶数,并应按图的复杂性选取。每个分区长度不大于 75 mm,不小于 25 mm。

③ 分区的编号,沿上下方向(按看图方向确定图纸的上下和左右)用大写拉丁字母从上到下顺序编写;沿水平方向用阿拉伯数字从左到右顺序编写。拉丁字母和阿拉伯数字应尽量靠近图框线。

④ 在图样中标注分区代号时,如分区代号由拉丁字母和阿拉伯数字组合而成,应字母在前、数字在后并排地书写,如 B3、C5 等。

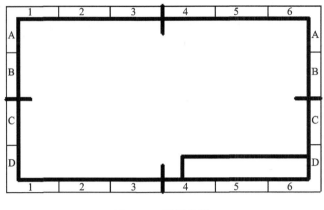

图 7-5 图幅分区

(二) 比 例

采用 GB/T 14690—1993《技术制图 比例》。

1. 比例概念

图中图形与其实物相应要素的线性尺寸之比称为比例。原值比例：比值为 1 的比例，即 $1:1$。放大比例：比值大于 1 的比例，如 $2:1$。缩小比例：比值小于 1 的比例，如 $1:2$。

2. 比例系列

电气工程图中的设备布置图、安装图最好能按比例绘制。技术制图中推荐采用的比例规定，如表 7-3 所列。如果为特殊应用需要，也允许选取其他比例。

表 7-3 比例系列 1

种 类	比 例
原值比例	$1:1$
放大比例	$5:1$ $2:1$ $5\times10^n:1$ $2\times10^n:1$ $1\times10^n:1$
缩小比例	$1:2$ $1:5$ $1:10$ $1:2\times10^n$ $1:5\times10^n$ $1:1\times10^n$

注：n 为正整数。

3. 比例标注方法

① 比例符号应以"："表示，其标注方法如 $1:1$、$1:500$、$20:1$ 等。

② 比例一般应标注在标题栏中的比例栏内。可在视图名称的下方或右侧标注比例，如：
$$\frac{\text{I}}{2:1}、\frac{A\ 向}{1:100}、\frac{B-B}{2.5:1}、\frac{墙板位置图}{1:200}、\frac{平面图}{1:100}。$$

4. 比例的特殊情况

当图形中孔的直径或薄片的厚度等于或小于 2 mm 以及斜度和锥度较小时，可不按比例而夸大画出。

5. 采用一定比例时图样中的尺寸数值

不论采用何种比例，图样中所标注的尺寸数值必须是实物的实际大小，与图形比例无关，如图 7-6 所示。同一机件的各个视图一般采用相同的比例,并需在标题栏中的比例栏写明采用的比例。

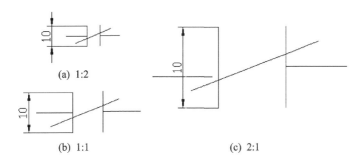

图 7-6 用不同比例画出的图形

(三) 字 体

采用 GB/T 14691—1993《技术制图字体》代替 GB4457.3—1984。

1. 书写方法

图样中书写的汉字、字母和数字,都必须做到"字体工整、笔画清楚、间隔均匀、排列整齐"。

2. 字 体

汉字字体应为 HZTXT.SHX(仿宋体单线),拉丁字母、数字字体应为 ROMANS.SHX (罗马体单线),希腊字母字体为 GREEKS.SHX。图样及表格中的文字通常采用直体字书写,也可写成斜体。斜体字字头向右倾斜,与水平基准线成 75°。

3. 字 号

常用的字号(字高)有 20、14、10、7、5、3.5、2.5 七种(单位为 mm)。汉字的高度 h 不应小于 3.5 mm,数字、字母的高度 h 不应小于 2.5 mm;字宽一般为 $h/\sqrt{2}$;如需要书写更大的字,其字体高度应按 $\sqrt{2}$ 的比率递增。表示指数、分数、极限偏差、注脚等的数字和字母,应采用小一号的字体。不同情况字符高度如表 7-4、表 7-5 所列。

字体的高度代表字体的字号。

4. 字体取向

图样中字体取向(边框内图示的实际设备的标记或标识除外)采用从文件底部和从右面两个方向来读图的原则。

5. 表格中的数字

带小数的数值,按小数点对齐;不带小数的数值,按个位数对齐。表格中的文本书写按正文左对齐。

表 7-4 最小字符高度   mm

字符高度	图 幅				
	AO	A1	A2	A3	A4
汉字	5	5	3.5	3.5	3.5
数字和字母	3.5	3.5	2.5	2.5	2.5

表7-5 图样中各种文本尺寸

文本类型	中　文		字母或数字	
	字　高	字　宽	字　高	字　宽
标题栏图名	7~10	5~7	5~7	3.5~5
图形图名	7	5	5	3.5
说明抬头	7	5	5	3.5
说明条文	5	3.5	3.5	2.5
图形文字标注	5	3.5	3.5	2.5
图号和日期	5	3.5	3.5	2.5

(四) 图　线

采用 GB/T 17450—1998《技术制图　图线》、GB4457.4—1984。

1. 图线、线素、线段的定义

① 图线。起点和终点间以任意方式连接的一种几何图形,形状可以是直线或曲线、连续线或不连续线,称为图线。

② 线素。不连续线的独立部分,如点、长度不同的画和间隔,称为线素。

③ 线段。一个或一个以上不同线素组成一段连续的或不连续的图线,称为线段。如实线的线段或由"长画、短间隔、点、短间隔、点、短间隔"组成的双点画线的线段等。

2. 图线的宽度

所有线型的图线宽度均应按图样的类型和尺寸大小在 0.13、0.18、0.25、0.35、0.5、0.7、1、1.4、2(单位:mm)中选择,该系列的公比为 $1:\sqrt{2}$。粗线、中粗线和细线的宽度比率为 4:2:1。在同一图样中,同类图线的宽度应一致。

(五) 尺寸标注

采用 GB/T 16675—1996、GB 4458.4—1984。

在图样中,图形表达机件的形状,尺寸表示机件的大小。因此,标注尺寸应该严格遵守国家标准中尺寸注法的有关规定。

① 机件的真实大小应以图样上所注尺寸数值为依据,与图形大小及绘图的准确度无关。

② 图样中(包括技术要求和其他说明)标注的尺寸,以 mm 为单位时,不需要标注计量单位的代号或名称;如采用其他单位标注尺寸时,则必须注明相应的计量单位的代号或名称。

③ 图样中所标注的尺寸,为该图样所示机件的最后完工尺寸,否则应另加说明。

④ 机件的每一尺寸,一般只标注一次,并应标注在反映该结构最清晰的图形上。

任务二　了解电气图的分类

电气图的分类如表7-6所列。

表 7-6　电气图分类表

类　别	名　称	说　明
功能性文件	概略图	概略图应表示系统、分系统、成套装置、设备、软件等的概貌,并示出各主要功能件之间和(或)各主要部件之间的主要关系。概略图包括传统意义上的系统图、框图等电气图
	功能图	功能图应表示系统、分系统、成套装置、设备、软件等功能特性的细节,但不考虑功能是如何实现的。功能图包括逻辑功能图和等效电路图
	电路图	电路图是电气技术领域中使用最广,特性最典型的一种电气简图
	表图	包括功能表图、顺序表图、时序图。功能表图是用步和转换描述控制系统的功能和状态的表图。顺序表图是表示系统各个单元工作次序或状态的图,各单元的工作或状态按一个方向排列,并在图上成直角绘出过程步骤或事件。时序图是按比例绘出时间轴(横轴)的顺序表图
	端子功能图	端子功能图是表示功能单元的各端子接口连接和内部功能的一种简图
	程序图	是详细表示程序单元、模块的输入输出及其相互关系的简图,其布局应能清晰地识别其相互关系
位置文件	总平面图	总平面图是表示建筑工地服务网络、道路工程、相对于测定点的位置、地表资料、进入方式和工区总体布局的平面图
	安装图	安装图是表示各项目安装位置的图
	安装简图	安装简图是表示各项目之间连接的安装图
	装配图	装配图是通常按比例表示一组装配部件的空间位置和形状的图
	布置图	布置图是经简化或补充以给出某种特定目的所需信息的装配图
接线文件	接线图[表]	接线图[表]是表示或列出一个装置或设备的连接关系的简图。包括单元接线图[表]、互连接线图[表]、端子接线图[表]等
	电缆图[表][清单]	电缆图[表]是提供有关电缆,诸如导线的识别标记、两端位置以及特性、路径和功能(如有必要)等信息的简图
项目表	元件表、设备表	元件表、设备表表示构成一个组件(或分组件)的项目(零件、元件、软件、设备等)和参考文件(如有必要)的表格
	备用元件表	备用元件表是表示用于防护和维修的项目(零件、元件、软件、散装材料等)的表格
说明文件	安装说明文件	安装说明文件是给出有关一个系统、装置、设备或元件的安装条件以及供货、交付、卸货、安装和测试说明或信息的文件
	试运转说明文件	试运转说明文件是给出有关一个系统、装置、设备或元件试运转和起动时的初始调节、模拟方式、推荐的设定值以及对为了实现开发和正常发挥功能所需采取措施的说明或信息的文件
	使用说明文件	使用说明文件是给出有关一个系统、装置、设备或元件的使用的说明和信息的文件
	可靠性和可维修性说明文件	可靠性和可维修性说明文件是给出有关一个系统、装置、设备或元件的可靠性和可维修性方面的说明和信息的文件
其他文件	手册、指南、样本、图样和文件清单等	

【实训一】

1. 举出几种不同的类别的电气工程图例。

示例如下：

其中图 7-7 所示的图形中，(a)车间电气平面图；(b)电动机控制接线图；(c)电炉馈电柜外部接线图；(d)电梯配电系统图；(e)电炉操作台设备布置图。

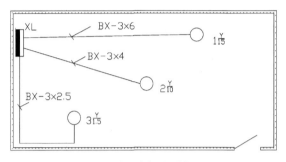

(a) 车间电气平面图

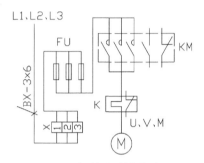

(b) 电动机控制接线图

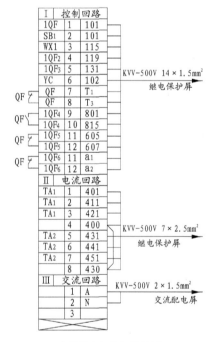

(c) 电炉馈电柜外部接线图

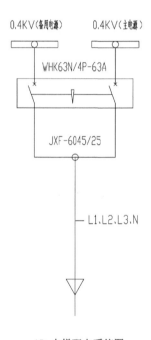

(d) 电梯配电系统图

图 7-7 不同类别图示例

(e) 电炉操作台设备布置图

图 7 - 7 不同类别图示例(续)

【实训二】

1. 找几张图纸,根据表 7 - 6 的说明提示,识别不同类别的电气工程图纸,并了解不同图纸的应用场合。

2. 表 7 - 7 所列为某工程电气规范图表,说明这类表的特点,并绘制该表。

表 7 - 7 电气规范图表

本工程接地型式采用 TN - S 系统,其专用接地线(即 PE 线)的截面规定为:

相线的截面积 S/mm^2	PE 线的最小截面积 $/\text{mm}^2$
$S \leqslant 16$	S
$16 < S \leqslant 35$	16
$35 < S \leqslant 400$	$S/2$
$400 < S \leqslant 800$	200
$S > 800$	$S/4$

任务三 了解电气图形符号及代号的使用

(一) 电气简图中元件的表示法

1. 元件中功能相关各部分的表示方法

(1) 集中表示法

这是一种把一个复合符号的各部分列在一起的表示法,如图 7 - 8(a)所示。为了能表明不同的部件属于同一个元件,每一个元件的不同部件都集中画在一起,并用虚线把它们连接起来。这种画法的优点是能一目了然地了解到电气图中任何一个元件的所有部件。这种表示法不易理解电路的功能原理。除非原理很简单,否则很少采用集中表示法。

（2）半集中表示法

这是一种把同一个元件不同部件的符号（通常用于具有机械的、液压的、气动的、光学的等方面功能联系的元件）在图上展开的表示方法，如图7-8（b）所示。它通过虚线把具有以上联系的各元件或属于同一元件的各部件连接起来，以清晰表示电路布局，这种画法的优点是易于理解电路的功能原理，而且也能通过虚线一目了然地找到电气图中任何一个元件的所有部件。但和分开表示法相比，这种表示法不宜用于很复杂的电气图。

（3）分开表示法

这是一种把同一个元件不同部件的图形符号（用于有功能联系的元件）分散于图上的表示方法，采用同一个元件的项目代号表示元件中各部件之间的关系，以清晰表示电路布局，如图7-8（c）所示。与集中表示法和半集中表示法相比，用分开表示法表示的异步电动机正、反转控制电路，其电路图要简明多。同样的"—K$_1$"，不需通过虚线把它的不同部件连接起来或集中起来，而只要通过在其每一个部件（如线圈、主触点和控制触点）附近标上"—K$_1$"即可。显然，这种画法对读图者来讲，最容易理解电路的功能。

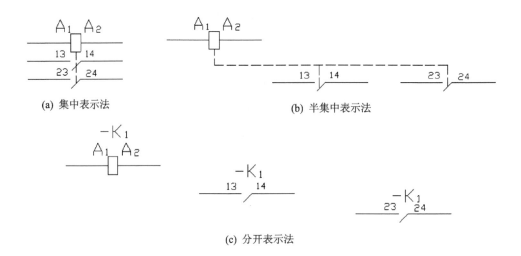

(a) 集中表示法　　　　　　　　　　(b) 半集中表示法

(c) 分开表示法

图7-8　元件中功能相关部分集中、半集中和分开表示法示例

2. 元件中功能无关各部分的表示方法

（1）组合表示法

这种表示法可按以下两种方式中的一种表示元件中功能无关的各部分：

① 符号的各部分画在点画线框内，如图7-9所示，表示一个封装了两只继电器的元件的组合表示法。

② 符号的各部分（通常是二进制逻辑元件或模拟元件）连在一起，如图7-10所示，表示了一个有四个2输入端"与非"门封装单元的组合表示法。

（2）分立表示法

这是一种把在功能上独立的符号各部分分开示于图上的表示方法，通过其项目代号使电路和相关的各部分布局清晰。如图7-11是图7-10所示元件的分立表示法示例。

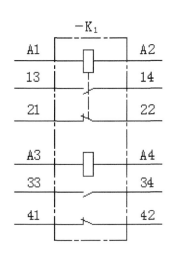

图 7-9　两只继电器的封装单元

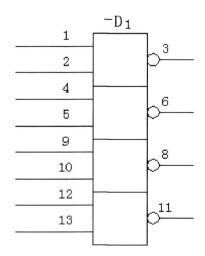

图 7-10　四个 2 输入端"与非"门封装单元

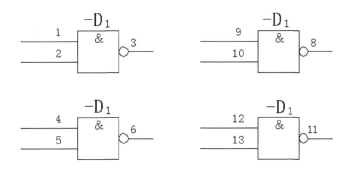

图 7-11　分立表示法示例

（二）信号流的方向和符号的布局

1. 信号流方向

默认信号流的方向为从左到右或从上到下，如图 7-12（a）所示。如果由于制图的需要，信号的流向与上述习惯不同时，在连接线上必须画上开口箭头，以标明信号的流向。需要注意的是，这些箭头不可触及任何图形符号，如图 7-12（b）所示。

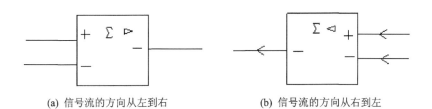

(a) 信号流的方向从左到右　　　　　　(b) 信号流的方向从右到左

图 7-12　信号流的方向

2. 符号的布局

符号的布局应按顺序排列,以便强调功能关系和实际位置。为此有功能布局法和位置布局法两种。

（1）功能布局法

功能布局法是元件或元件的各部件在图上的布置使电路的功能关系易于理解的布局方法。对于表示设备功能和工作原理的电气图,进行画图布局时,可把电路划分成多个既相互独立又相互联系的功能组,按工作顺序或因果关系,把电路功能组从上到下或从左到右进行排列,并且,每个功能组内的元器件集中布置在一起,其顺序也按因果关系或工作顺序排列,这样才能便于读图时分析电路的功能关系。一般电路图都采用这种布局方法,这样在读图时,根据从左向右、从上到下的读图原则,很容易分析此图的工作原理。

（2）位置布局法

位置布局法是在元件布置时使其在图上的位置反映其实际相对位置的布局方法。对于需按照电路或设备的实际位置绘制的电气图,如接线图或电缆配置图,进行画图布局时,可把元器件和结构组按照实际位置布置,这样绘制的导线接线的走向与位置关系也与实物相同,以利装配接线及维护时的读图。

（三）电气简图图形符号

1. 图形符号标准

目前,我国采用的电气简图用图形符号标准为 GB/T 4728:1996—2000《电气简图用图形符号》。该标准由 13 个部分组成,符号形式、内容、数量等全部与 IEC 相同,为我国电气工程技术与国际接轨奠定了一定基础。

2. 符号的选择

GB/T 4728《电气简图用图形符号》标准对同一对象的图形符号有的示出"推荐形式""优选形式""其他形式"。一般来说,符号形式可任意选用。但无论选用了哪种形式,对一套图中的同一个对象,都要用该种形式。表示同一含义时,只能选用同一个符号。

3. 图形符号的大小

在《电气简图用图形符号》标准中图形符号的线宽与设计图形符号时所用的模数 m 比为 $1:10$。一般情况下,图形符号的大小和组成图形符号的图线粗细不影响符号的含义。符号的最小尺寸应与图线宽度、图线间隔、文字标注的规则相适应。在这些规定中,GB/T 4728.11 中用于安装平面图和简图或电网图的符号允许按比例放大或缩小,以便与平面图或电网图的比例相适应。为清晰起见,通常规定符号比例的模数 m 必须等于或大于文字高度。下列情况可采用大小不等符号画法:①为了增加输入或输出线数量;②为了便于补充信息;③为了强调某些方面;④为了把符号作为限定符号来使用,如图 7-13 所示,发电机组的励磁机的符号小于主发电机的符号,以便表明其辅助功能。

4. 符号的组合

假如想要的符号在标准中找不到,则可按照 GB/T 4728 中的原则,从标准符号中组合出一个符号。图 7-14 给出了一个过电压继电器组合符号组成的示例。

5. 端子的表示法

在 GB/T 4728 中,多数符号未表示出端子符号,一般不需要将端子、电刷等符号加到元件

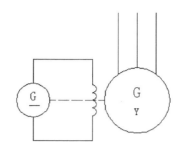

图 7-13 三相发电机与磁激励器

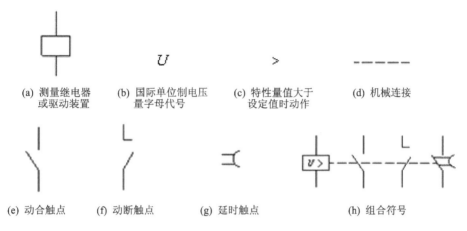

| (a) 测量继电器 或驱动装置 | (b) 国际单位制电压 量字母代号 | (c) 特性量值大于 设定值时动作 | (d) 机械连接 |
| (e) 动合触点 | (f) 动断触点 | (g) 延时触点 | (h) 组合符号 |

图 7-14 过电压继电器组合符号组成的示例

符号上。在某些特殊情况下,如端子符号是符号的一部分时,则必须画出。

6. 引出线表示法

在 GB/T 4728 中,元件和器件符号一般都画有引出线。引出线符号的位置是允许改变的,但不能因此而改变符号的含义。如图 7-15 所示,虽然改变了引出线的位置,但并未影响符号的含义,此种改变是被允许的,而图 7-16 改变了引出线的位置,电阻的符号变成了继电器线圈符号,图形符号的含义发生了改变,此种改变是不被允许的。此时必须按 GB/T 4728 中规定来画。

图 7-15 改变引线方向的扬声器　　　**图 7-16 改变引线方向的电阻器**

(四) 简图的连接线

1. 一般规定

非位置布局的简图的连接线应尽量采用直线,减少交叉线及弯曲线,提高简图的可读性。为了改善图的清晰度,例如对称布局或改变相序的情况,如图 7-17 所示,可采用斜线。

简图的连接线应采用实线来表示,表示计划扩展的连接线用虚线。

同一张电气图中,所有的连接线的宽度相同,具体线宽应根据所选图幅和图形的尺寸来决定。但有些电气图中,为了突出和区分某些重要电路,例如电源电路,可采用粗实线,必要时可采用两种以上的图线宽度。

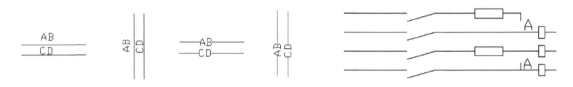

图 7 - 17　连接线斜线示例

2. 连接线的标记

连接线需要标记时,标记必须沿着连接线放在水平连接线的上方及垂直连接线的左边,或放在连接线中断处,如图 7 - 18 所示。

3. 连接线中断处理

画电气图时,当穿越图面的连接线较长或穿越稠密区域时,为了保持图面清晰,允许将连接线中断,在中断处加相应的标记。

在同一张图纸上绘制中断线的示例,如图 7 - 19 所示。如在同一张图上有两条或两条以上中断线,必须用不同的标记把它们区分开,例如用不同的字母来表示,如图 7 - 20 所示。

图 7 - 18　连接线标记书写位置　　　　　　图 7 - 19　一张图中带标记 A 的中断线

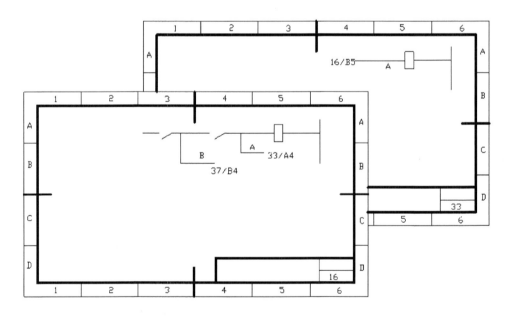

图 7 - 20　多条中断线的标记

4. 连接线的接点

连接线的接点按照标准有两种表现方式,一种为 T 形连接表示,如图 7 - 21(a)所示,当布局比较方便时,优先选用此种表达方式。另一种为双重接点表示方式,如图 7-21(b)所示,采用此种表达方式表示的连接点的图中,所有连接点都应加上小圆点,不加小圆点的十字交叉线被认为是两线跨接而过,并不相连。需要注意的是,在同一幅图上,只能采用其中一种方法。图 7-21(a)、(b)两个电路是等效的。

5. 平行连接线

平行连接线有两种表示方法,一种是多线表示法,另一种是一根图线表示法,如图 7-22所示。

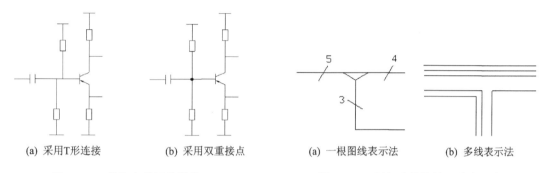

(a) 采用T形连接   (b) 采用双重接点   (a) 一根图线表示法   (b) 多线表示法

图 7-21 连接点的两种画法   **图 7-22 平行连接线的两种表示方法**

① 采用多线表示法时,当平行走向的连接线数大于等于 6 根时,就应将它们分组排列。在概略图、功能图和电路图中,应按照功能来分组。不能按功能分组的其余情形,则应按不多于五根线分为一组进行排列。

② 多根平行走向连接线可采用下列两种方法之一用一根图线来表示,如图 7-23 所示。其中,图(a)为短垂线法:平行连接线被中断,留有一点间隔,画上短垂线,其间隔之间的一根横线即线束;图(b)为倾斜相接法:单根连接线汇入线束时,应倾斜相接。

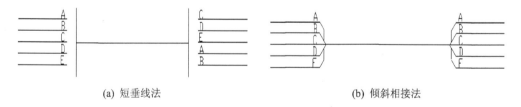

(a) 短垂线法   (b) 倾斜相接法

图 7-23 用单根连接线表示线组

6. 信息总线

如果连接线表示传输几个信息的总线(同时的或时间复用的)可用单向总线指示符、双向总线指示符表示,如图 7-24 所示。

(五) 围 框

① 表示功能单元、功能组的围框、结构单元应采用框线符号(短长线)绘制。围框应有规则的形状,并且不应与任何元件符号相交,如图 7-25 所示。必要时也可采用不规则形状的围框。

② 在复杂简图中,表示一个单元的围框可能包围不属于此单元的部件,这种符号应表示

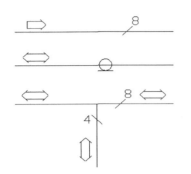

由8根导线组成的单向传输信息总线

由同轴电缆组成的多路传输的双向传输信息总线

由8根导线组成的双向传输信息总线

由4根导线组成的双向传输分接传输信息总线

图 7-24　信息总线单线表示法的示例

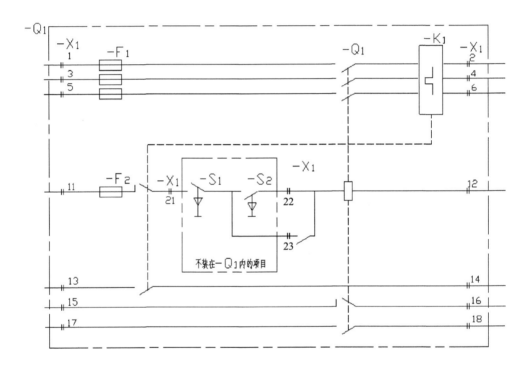

图 7-25　功能单元框及其内部的特殊围框

在第二个套装的围框中,这个围框必须用双短长线绘制。在图 7-25 中,控制开关 $-S_1$ 和 $-S_2$ 不是 $-Q_1$ 单元的部件。

③ 当单元中含有连接器符号时,应表示出一对连接器的哪一部分属于该单元,哪一部分不属于该单元。如图 7-26(a)所示,插头是单元 $-A_1$ 的组成,插座是电缆 $-W_1$ 的组成部分。如果一对连接器的双方是单元必不可少的部分,则必须在围框内表示出两个连接器符号,如图 7-26(b)所示,插头和插座都是单元 $-W_1$ 的组成部分。

(六) 项目代号和端子代号

1. 项目代号的定义

在图上通常用一个图形符号表示基本件、部件、组件、功能单元、设备、系统等,项目的大小

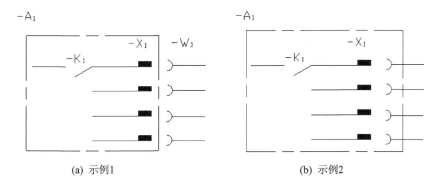

(a) 示例1　　　　　　　　　　　(b) 示例2

图 7 - 26　连接器位置符号位置示例

可能相差很大,电容器、端子板、发电机、电源装置、电力系统都可称为项目。用以识别图、表图、表格中和设备上的项目种类,并提供项目的层次关系、实际位置等信息的一种特定的代码,称为项目代号。通过项目代号可以将不同的图或其他技术文件上的项目(软件)与实际设备中的该项目(硬件)一一对应和联系在一起。

2. 项目代号的组成

一个完整的项目代号由 4 个代号段组成,分别是:①种类代号段,其前缀符号为"－";②高层代号段,其前缀符号为"＝";③位置代号段,其前缀符号为"＋";④端子代号段,其前缀符号为":"。

用以识别项目种类的代号,称为种类代号。种类代号段是项目代号的核心部分。种类代号一般由字母代码和数字组成,其中的字母代码必须是规定的文字符号,例如－K_1 表示第 1 个继电器 K,－QS_3 表示第 3 个隔离开关 QS。

高层代号指系统或设备中任何较高层次(对给予代号的项目而言)项目的代号。例如,某电力系统 S 中的一个变电所,则电力系统 S 的代号可称为高层代号,记作"＝S";所以,高层代号具有"总代号"的含义。高层代号可用任意选定的字符、数字表示,如＝S、＝1 等。高层代号与种类代号同时标注时,通常高层代号在前,种类代号在后,例如:1 号变电所的开关 Q_2,则标记为"＝1－Q_2";

位置代号是指项目在组件、设备、系统或建筑物中实际位置的代号。位置代号一般由自行选定的字符或数字表示。必要时,应给出相应项目位置的示意图。例如:105室 B 列机柜第 3 号机柜的位置代号可表示为:＋105＋B＋3;

端子代号是指用以同外电路进行电气连接电器导电件的代号。端子代号通常采用数字或大写字母表示。例如:端子板 X 的 5 号端子,可标记为"－X:5";继电器 K_4 的 B 号端子,可标记为"－K_4:B"。

项目代号是用来识别项目的特定代码,一个项目可由一个代号段组成(较简单的电气图只标注种类代号或高层代号),也可由几个代号段组成。例如:S_1 系统中的开关 Q_4,在 H84 位置中,其中的 A 号端子,可标记为:"＋H84＝S_1－Q_4:A。

3. 项目代号的位置和取向

每个表示元件或其组成部分的符号都必须标注其项目代号。一套文件中所有代号(包括项目代号和端子代号)应一致。项目代号应标注在符号的旁边,如果符号有水平连接线,应标注在符号上面;如果符号有垂直连接线,应标注在符号左边。必要时,可把项目代号标注在符号轮廓线里面。

4. 端子代号的位置和取向

端子代号应靠近端子,最好在水平连接线上边和垂直连接线的左边,端子代号的取向应与连接线方向一致。元件或装置的端子代号应位于该元件或装置轮廓线和围框线的外边。

(七) 位置标记、技术数据和说明性标记

1. 字母符号

关于电气图中使用的量和单位的字母符号应符合 IEC 27 和 GB 3102 的规定。按 IEC 规定,如果图形符号表示的物理属性十分明显,这些数值则可简化。例如:$6.3\ k\Omega$、$0.6\ pF$、$5\ mH$ 等可简化为:电阻为 6.3k,电容为 0.6p,电感为 5m。

2. 位置标记

电气图用图幅分区法进行位置标记,这种标记法示例如表 7-8 所列。

当符号或元件的图幅分区代号与实际设备的其他代号有可能引起混淆时,则图幅分区代号应用括号括起来或将分区标记放在统一位置。

表 7-8　符号或元件在图上位置的表示方法

符号或元件的位置	标记写法
同一张图样上的 B 行	B
同一张图样上的 3 列	3
同一张图样的 B3 区	B3
具有相同图号的第 34 张图上的 B3 区	34/B3
图号为 4568 单张图上的 B3 区	图 4568/B3
图号为 5796 的第 34 张图上的 B3 区	图 5796/34/B3
=S1 系统单张图上的 B3 区	=S1/B3
=S1 系统多张图上第 34 张的 B3 区	=S1/34/B3

3. 元件的技术数据

元件的技术数据可以放在符号的外边,也可放在符号里边。

① 元件的技术数据放在符号外边。元件的技术数据必须靠近符号。当元件垂直布置时,技术数据标在元件左边;当元件水平布置时,技术数据标在元件的上方;技术数据应放在项目代号的下面,如图 7-27 所示。

② 元件的技术数据放在符号内。电气数据,如电阻值,可放在像继电器线圈和二进制逻辑元件那样的矩形符号内。

4. 信号的技术数据

波形可用一种规范化的方式来表示,如图 7-28 所示。也可按示波器屏幕上正常显示的波形,尽量满足应用需要详细地加以表示。必要时,应表示波形坐标轴电压电平等。技术数据应顺着连接线的方向放在水平连接线的上边或垂直连接线的左边,不得与连接线接触或相交。如果不可能靠近连接线表示信息,则应表示在远离连接线的封闭符号内(最好在圆圈内)通过

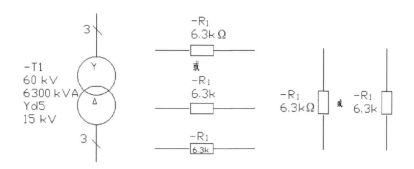

图 7 - 27 元件技术数据示出位置规则的示例

一个引线到连接线上,如图 7 - 29 所示。

图 7 - 28 信号波形表示的技术数据   **图 7 - 29   在远处表示信号波形**

　　技术数据也可以放在与其有关的其他地方,例如用信号代号或项目代号和端子代号来表示,如图 7 - 30 所示。

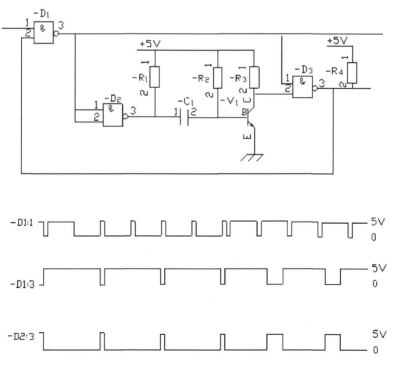

图 7 - 30 技术数据用项目代号和端子代号表示示例

5. 注释和标识

① 注释。画电气图时，当遇到含义不便于用图示形式表达清楚的情况时，可采用文字注释。注释有两种表达方式：一是简单的注释可直接放在所要说明的对象附近；二是当对象附近不能注释时，可加标记，而将注释放在图上的其他位置。如图中有多个注释时，应把这些注释集中起来，按标记顺序放在图框附近，以便于阅读。对于一份多张的电气图，应把一般性的注释写在第一张图上，其他注释写在有关的张次上。

② 标识。如果在设备面板上有相同控制功能等的信息标识时，则应在有关电气图的图形符号附近加上同样的标识。

【实训三】绘制常见电气符号

（1）绘制电容符号

操作步骤如下：

① 单击"绘图"面板中的"直线"命令按钮／，绘制直线，长度为 10，效果如图 7-31 所示。

② 单击"绘图"面板中的"直线"命令按钮／，再单击"捕捉到中点"命令按钮，绘制起点在如图 7-32 所示中点的水平直线，长度为 8，效果如图 7-33 所示。

③ 单击"修改"面板中的"镜像"命令按钮，以如图 7-34 所示点为镜像基准点，将图向右对称复制一份，效果如图 7-35 所示。

图 7-31　绘制直线　　图 7-32　捕捉中点　　图 7-33　绘制水平直线　　图 7-34　镜像基准点

④ 单击"修改"面板中的"移动"命令按钮，按如图 7-36 选中图形，以端点为移动基点向右移动，移动距离为 2.5，效果如图 7-37 所示。

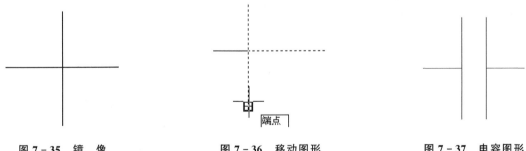

图 7-35　镜　像　　图 7-36　移动图形　　图 7-37　电容图形

（2）绘制避雷器符号

操作步骤如下：

① 单击"绘图"面板中的"矩形"命令按钮，按命令行的提示绘制矩形并且进行操作。

命令：_rectang

指定第一个角点或［倒角(C)/标高(E)/圆角(F)/厚度(T)/宽度(W)］：

指定另一个角点或［面积(A)/尺寸(D)/旋转(R)］：@5,10

效果如图 7-38 所示。矩形的长为 5，高为 10。

② 单击"绘图"面板中的"直线"命令按钮 ✎，绘制起点在如图 7-39 所示的中点，垂直向上的直线，长度为 8，效果如图 7-40 所示。

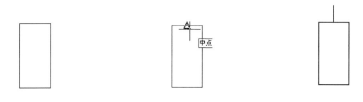

图 7-38　绘制矩形　　　图 7-39　捕捉中点　　　图 7-40　绘制直线

③ 单击"修改"面板中的复制按钮 ⬡，将长度为 8 的直线以图 7-41 所示端点为基点，向下复制一份，效果如图 7-42 所示。

④ 单击"绘图"面板中的"多线段"命令按钮 ⤵，按命令行的提示进行操作，绘制箭头。

图 7-41　移动直线　　　　　图 7-42　复制效果

命令：_pline

指定起点：于(捕捉如图 7-43 所示的端点)

当前线宽为 0.0000

指定下一个点或［圆弧(A)/半宽(H)/长度(L)/放弃(U)/宽度(W)］：@0,3

指定下一点或［圆弧(A)/闭合(C)/半宽(H)/长度(L)/放弃(U)/宽度(W)］：w

指定起点宽度 ＜0.0000＞：2

指定端点宽度 ＜2.0000＞：0

指定下一点或［圆弧(A)/闭合(C)/半宽(H)/长度(L)/放弃(U)/宽度(W)］：@0,3

指定下一点或［圆弧(A)/闭合(C)/半宽(H)/长度(L)/放弃(U)/宽度(W)］：

效果如图 7-44 所示。

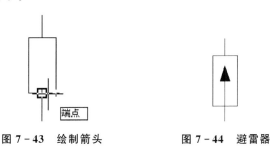

图 7-43　绘制箭头　　　　　图 7-44　避雷器

（3）绘制三相变压器

操作步骤如下：

① 单击"绘图"面板中的"圆"命令按钮 ⊘，绘制半径为 10 的圆。

② 单击"修改"面板中的"阵列"命令按钮 品，屏幕出现"阵列"对话框，设置好各项数值，以图 7-45 所示的点为阵列中心，形成 3 个圆环形阵列，效果如图 7-46 所示。

③ 单击"绘图"面板中的"直线"命令按钮 ⁄，再单击"对象捕捉"面板中的"捕捉到象限点"命令，绘制起点在如图 7-47 所示圆上的象限点，垂直向上的直线长度为 8，效果如图 7-48 所示。

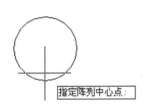
图 7-45 确定阵列中心

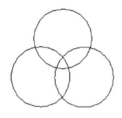
图 7-46 阵 列

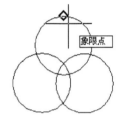
图 7-47 捕捉象限点

④ 单击"修改"面板中的"复制"命令按钮 ⁒，以直线段上端点为复制基准点，以下边两圆的下象限点为复制目标点，如图 7-49 所示。把直线段向下复制两份，效果如图 7-50 所示。

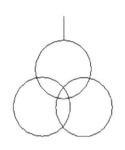
图 7-48 绘制直线段

图 7-49 复制直线段

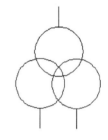
图 7-50 三相变压器

⑤ 单击"块"面板中的"创建"命令按钮 ⮂，将三相变压器保存到指定位置。

（4）绘制风力发电站

操作步骤如下：

① 单击"绘图"面板中的"正多边形"命令按钮 ⬠，绘制边长为 20 的正四边形，效果如图 7-51 所示。

② 单击"绘图"面板中的"直线"命令按钮 ⁄，以正四边形上边和下边中点为起点绘制交叉直线，效果如图 7-52 所示。

③ 在"图层"面板中单击"图层特性"命令按钮 ⬚，新建图层 1 和图层 2，并单击"设置当前"按钮 ✓，将图层 1 颜色设置为红，图层 2 颜色设置为蓝。选择"应用"、"确定"后退出。

④ 单击"图案填充"命令按钮 ▨，按命令行提示，给交叉直线面域填充红色虚线。

图 7-51 正四边形

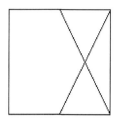

图 7-52 交叉直线段

⑤ 单击"确定"按钮,回到"图案填充和渐变色"对话框中,选择合适的图案比例,单击"确定"按钮即可,效果如图 7-53 所示。

⑥ 打开图层管理器,将图层 2 置为当前,用蓝色线条绘制如图 7-54 所示的虚线,即为风力发电站。

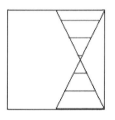

图 7-53 图案填充

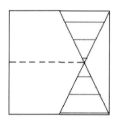

图 7-54 风力发电站

(5)绘制发光二极管

操作步骤如下

① 单击"绘图"面板中的"直线"命令按钮✐,绘制水平直线,长度为 10,效果如图 7-55 所示。

② 单击"绘图"面板中的"多线段"命令按钮↪,以距离直线右端点为 2 的水平位置为起点,绘制角度为 150 度的直线段,长度为 7,如图 7-56 所示,再向下引垂直线交到水平直线上,效果如图 7-57 所示。

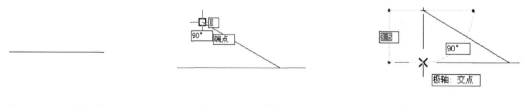

图 7-55 绘制直线　　　　　图 7-56 多线段　　　　　图 7-57 垂直直线

③ 单击"修改"面板中的"镜像"命令按钮◭,将多线段向下对称复制一份,效果如图 7-58 所示。

④ 单击"绘图"面板中的"直线"命令按钮✐,绘制过如图 7-59 所示交点的垂直直线,效果如图 7-60 所示。

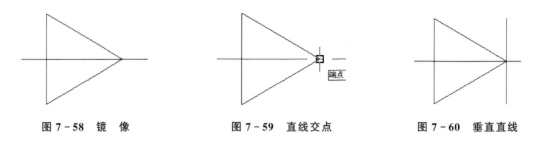

图 7-58　镜　　像　　　　　图 7-59　直线交点　　　　　图 7-60　垂直直线

⑤ 单击"绘图"面板中的"多线段"命令按钮 ，按命令行的提示进行操作。

```
命令：_pline
指定起点：(如图 7-61 所示)
当前线宽为 0.0000
指定下一个点或 ［圆弧(A)/半宽(H)/长度(L)/放弃(U)/宽度(W)］：@0,2
指定下一点或 ［圆弧(A)/闭合(C)/半宽(H)/长度(L)/放弃(U)/宽度(W)］：w
指定起点宽度 ＜0.0000＞：0.75
指定端点宽度 ＜0.7500＞：0
指定下一点或 ［圆弧(A)/闭合(C)/半宽(H)/长度(L)/放弃(U)/宽度(W)］：@0,2
指定下一点或 ［圆弧(A)/闭合(C)/半宽(H)/长度(L)/放弃(U)/宽度(W)］：
```

效果如图 7-62 所示。

⑥ 单击"修改"面板中的"旋转"命令按钮 ，以箭头底端为旋转基点进行旋转，旋转角度为-45°，效果如图 7-63 所示。

⑦ 单击"修改"面板中的"复制"命令按钮，将箭头向右上方复制一份，效果如图 7-64 所示。

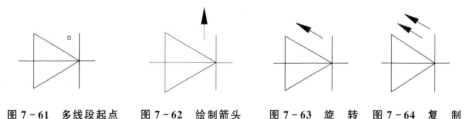

图 7-61　多线段起点　图 7-62　绘制箭头　图 7-63　旋　　转　图 7-64　复　　制

(6) 绘制圆感应同步器

操作步骤如下：

① 单击"绘图"面板中的"圆"命令按钮 ，绘制半径为 10 的圆，如图 7-65 所示。

② 单击"绘图"面板中的"直线"命令按钮 ，绘制起点在圆的上限点，长度为 10，垂直向上的直线，效果如图 7-66 所示。

③ 单击"修改"面板中的"复制"命令按钮 ，把直线向两端各复制一份，复制距离为 5，再将原直线删除，效果如图 7-67 所示。

④ 单击"修改"面板中的"延伸"命令按钮 ，将直线延伸到圆上，如图 7-68 所示。

⑤ 单击"修改"面板中的"偏移"命令按钮 ，将圆向内偏移，偏移距离为 2，效果如图 7-69 所示。

图7-65　绘制圆　　　　图7-66　绘制直线　　　　图7-67　复　制

⑥ 单击"修改"面板中的"旋转"命令按钮🔄,以圆心为旋转基准点,将两条直线复制旋转90°,效果如图7-70所示。

图7-68　延　伸　　　　图7-69　偏　移　　　　图7-70　复制旋转

⑦ 单击"修改"面板中的"镜像"命令按钮🔼,以圆心为基点,将旋转后的两条直线对称向右复制一份,效果如图7-71所示。

⑧ 单击"修改"面板中的"延伸"命令按钮⊣╱,将左端的两直线延伸到内侧的圆上,效果如图7-72所示。

⑨ 单击"绘图"面板中的"多行文字"命令按钮,取消对象捕捉,新建图层,在圆内进行文字编写,文字高度:4;字体:宋体;颜色:蓝色。效果如图7-73所示。

图7-71　镜　像　　　　图7-72　延　伸　　　　图7-73　注　释

(7)绘制双向晶闸管

操作步骤如下:

① 单击"绘图"面板中的"正多边形"命令按钮⬠,绘制内接圆半径为10的正三边形,效果如图7-74所示。

② 单击"修改"面板中的"旋转"命令按钮🔄,以正三边形的右下角为旋转基点,将正三边形旋转90°,效果如图7-75所示。

③ 单击"绘图"面板中的"直线"命令按钮✏,以旋转后的正三边形上端点为起点,绘制垂直直线,长度为17,效果如图7-76所示。

图 7-74　正三边形

图 7-75　旋　转

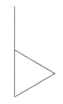
图 7-76　垂直直线

④ 单击"绘图"面板中的"直线"命令按钮，以旋转后的正三边形上端点为起点，绘制水平向左的直线，长度为 17，效果如图 7-77 所示。

⑤ 单击"修改"面板中的"复制"命令按钮，将修改后的图形向右水平复制一份，距离为 15，效果如图 7-78 所示。

⑥ 单击"修改"面板中的"旋转"命令按钮，将复制后的图形以中心点为旋转基点，旋转 180°，效果如图 7-79 所示。

图 7-77　水平直线

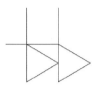
图 7-78　复　制

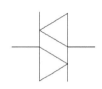
图 7-79　旋　转

⑦ 单击"绘图"面板中的"多线段"命令按钮，以图 7-80 所示的中点为起点，绘制多线段，效果如图 7-81 所示。

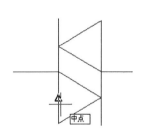
图 7-80　中点绘制

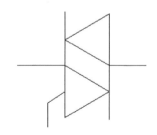
图 7-81　双向晶闸管

【实战演练】

1. 绘制如图 7-82 所示的电气符号。

2. 用至少三种方法绘制图 7-83 所示的电气符号。

3. 绘制图 7-84 所示电气工程图的一部分，并指出图中项目代号的的含义。若将图形方向沿顺时针旋转 90°，端子代号的位置和取向应该如何调整？

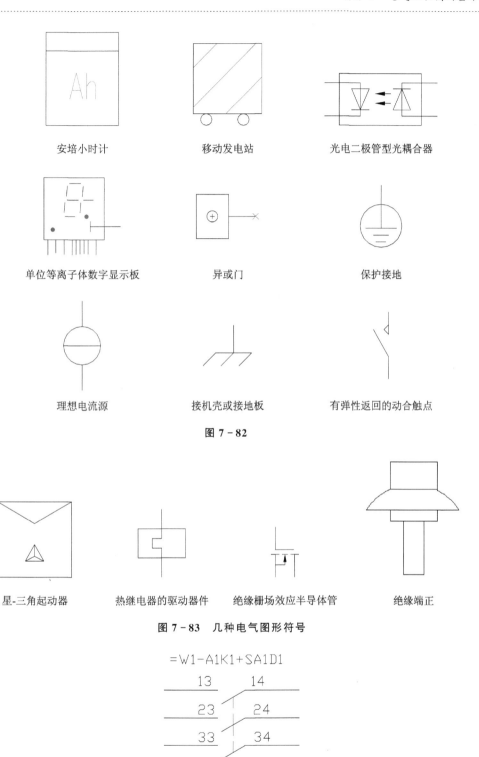

安培小时计　　　移动发电站　　　光电二极管型光耦合器

单位等离子体数字显示板　　　异或门　　　保护接地

理想电流源　　　接机壳或接地板　　　有弹性返回的动合触点

图 7-82

星-三角起动器　　热继电器的驱动器件　　绝缘栅场效应半导体管　　绝缘端正

图 7-83 几种电气图形符号

=W1-A1K1+SA1D1

13	14
23	24
33	34

图 7-84 项目代号、端子代号

项目八 绘制工程图

任务一 配电室平面布置图的绘制

配电室分为高压配电室和低压配电室。高压配电室一般指 6～10 kV 高压开关室;低压配电室一般指 10 kV 或 35 kV 站用变出线的 400 V 配电室。

配电室平面布置图不需要很多不同类别的元器件,可按其规划进行合理的设计布局,使其美观大方。一般先绘制轮廓线,再绘制方位图,最后标注文字。

绘制图 8-1 所示配电室平面布置图。

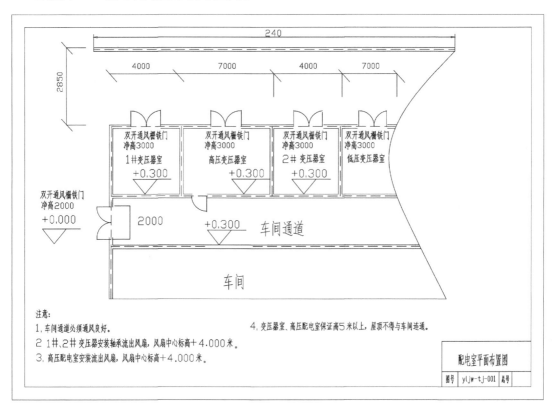

图 8-1 配电室平面布置图

1. 配电室平面布置图的墙线

绘制步骤如下:

① 单击"绘图"面板中的"矩形"命令按钮□,绘制 240×3 的矩形。效果如图 8-1 所示。

② 单击"绘图"面板中的"矩形"命令按钮□,绘制 224×3 的矩形,与图 8-2 所示矩形距离为 28.5。效果如图 8-3 所示。

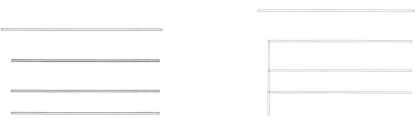

图 8 - 2　绘制矩形 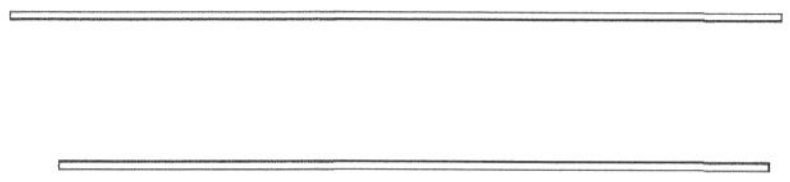　　　　　　　　　图 8 - 3　绘制矩形

③ 单击"修改"面板中的"复制"命令按钮 📋，复制矩形，向下复制距离为 45、78。效果如图 8 - 4 所示。

④ 单击"绘图"面板中的"矩形"命令按钮 ▭，绘制 3×113 的矩形。效果如图 8 - 5 所示。

图 8 - 4　复制矩形

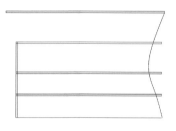

图 8 - 5　绘制矩形

⑤ 单击"绘图"面板中的"直线"命令按钮 ╱，绘制长为 224 的直线。效果如图 8 - 6 所示。

⑥ 单击"绘图"面板中的"样条曲线"命令按钮 ∿，绘制曲线。效果如图 8 - 7 所示。

图 8 - 6　绘制直线　　　　　　　　　图 8 - 7　绘制曲线

⑦ 单击"绘图"面板中的"面域"命令按钮 ▣，选择如图 8 - 8 所示的四个矩形，"回车"确定，将其转换为四个面。

⑧ 单击如图 8 - 9 所示的"实体编辑"工具栏中的"并集"命令按钮，合并所有面域。效果如图 8 - 9 所示。

⑨ 单击"修改"面板中的"分解"命令按钮 ✂，将图 8 - 9 中生成的面域分解。再单击"修改"面板中的

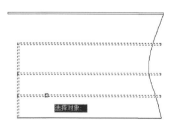

图 8 - 8　"面域"操作

"修剪"命令按钮 ⊹，以样条曲线为修剪边，修剪掉多余的部分，效果如图 8 - 10 所示。

【提示】此步"修剪"以前，必须先进行"分解"命令，将"面"分解成"线"以后才能执行修剪。

⑩ 单击"绘图"面板中的"矩形"命令按钮 ▭，以"虚拖"的方法向右"虚拖"到距离端点 45 的位置，绘制 2.4×47.4 的矩形。效果如图 8 - 11 所示。

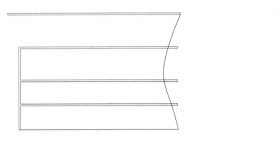

图 8-9 合并面域

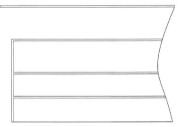

图 8-10 修剪效果

⑪ 单击"修改"面板中的"移动"命令按钮 ✛，将 2.4×47.4 的矩形向右复制一份，距离为 60，效果如图 8-12 所示。

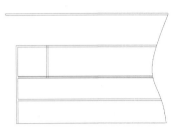

图 8-11 绘制矩形

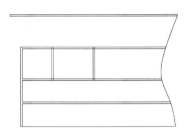

图 8-12 复制移动

⑫ 单击"修改"面板中的"复制"命令按钮 ✿，将 2.4×47.4 的矩形向右复制一份，距离为 45，效果如图 8-13 所示。

⑬ 单击"修改"面板中的"修剪"命令按钮 ╱，以矩形为修剪边，修剪掉多余的部分，效果如图 8-14 所示。

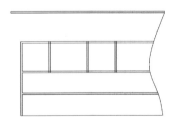

图 8-13 复 制

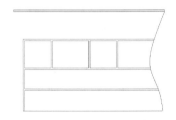

图 8-14 修 剪

⑭ 在"图层"面板中单击"图层特性"命令按钮，设计一个使用粉色直线的图层，线型为点画线，并单击"设置当前"按钮 ✔，使它转入当前。

⑮ 单击"绘图"面板中的"直线"命令按钮 ╱，在矩形中绘制一条点画线，效果如图 8-15 所示。

2. 配电室平面布置图的门洞

绘制步骤如下：

① 单击"绘图"面板中的"矩形"命令按钮 ▢，绘制 20×10 的矩形。

② 单击"修改"面板中的"复制"命令按钮 ✿，复制 20×10 的矩形 4 个，再绘制 10×10 矩形 1 个，并按图 8-16 所示布局。

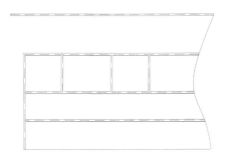

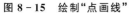

图 8 - 15 绘制"点画线"

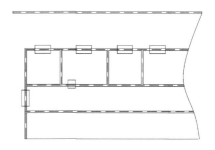

图 8 - 16 绘制矩形

③ 单击"修改"面板中的"修剪"命令按钮 ，以矩形为修剪边，修剪掉矩形内部的直线部分，效果如图 8 - 17 所示。

④ 将矩形删掉。单击"绘图"面板中的"圆"命令按钮 ，以门洞边线和点画线交点为圆心，绘制半径为 10 的圆，效果如图 8 - 18 所示。

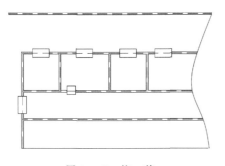

图 8 - 17 修 剪

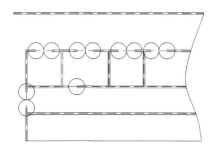

图 8 - 18 画 圆

⑤ 单击"修改"面板中的"修剪"命令按钮 ，执行修剪操作，效果如图 8 - 19 所示。

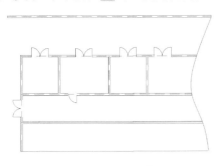

图 8 - 19 修 剪

3. 配电室平面布置图的注释

单击"注释"面板中的"多行文字"命令按钮 A ，书写各个门框的注释。效果如图 8 - 20 所示。

4. 配电室平面布置图的标注尺寸

绘制步骤如下：

① 打开"新建标注样式"对话框，新建"配电室"标注样式，单击"符号和箭头"，设置"符号和箭头"，箭头标记为"倾斜"，"箭头大小"为 4；在"文字"中设置文字大小为 4；在"主单位"中设置比例为 100。

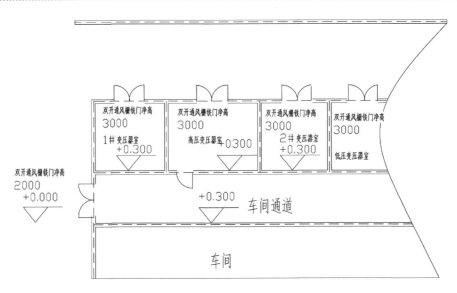

图 8－20　书写文字

　　② 将"配电室"标注样式置为当前,单击"标注"面板中的"线性"按钮 ⊢⊣,对车间及门洞大小进行标注。再将"ISO－25"标注样式置为当前,对外围墙线进行标注,数值为 240。效果如图 8－21 所示。

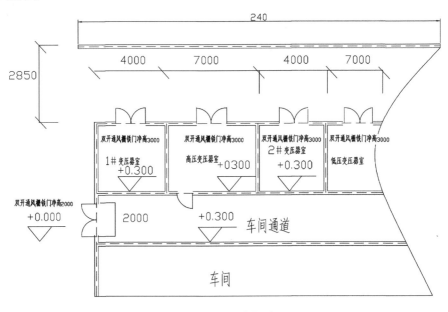

图 8－21　完成标注

　　【提示】此图的标注中采用了两种不同的标注比例,因此,读图和设计时要注意比例样式设置不同有可能带来的错误。

5. 配电室平面布置图的注释文字

　　单击"注释"面板中的"多行文字"命令按钮 **A**,书写注意事项,效果如图 8－22 所示。

　　【提示】本图的图框和标题栏都是非标准尺寸和样式,对于一些工程施工比较简单,技术

注意:

1. 车间通道必须通风良好。

2. 1#、2#变压器安装轴承流出风扇,风扇中心标高+4.000米。

3. 高压配电室安装流出风扇,风扇中心标高+4.000米。

4. 轴承的计算尺寸按500计算。

5. 变压器室、高压配电室保证高5米以上,屋顶不得与车间连通。

图 8-22 注意事项

要求不严格的场合往往采用这种简化的绘制方法。

任务二 三相电机正反转主控电路的绘制

生产中许多机械设备往往要求运动部件能向正反两个方向运动,如机床工作台的前进与后退;起重机的上升与下降等,这些生产机械要求电动机能实现正反转控制。对应三相电动机,任意改变其中两相的相序即可改变电动机的旋转方向。所以在主电路中可以通过两个接触器分别来给电机供电,一个接触器按正序接线,另一个接触器颠倒其中两相接线。若第一个接触器接通则第二个就要断开,此时是正转,反之亦反。

三相电机正反转的主电路图绘制方法一般为先绘制单相电路,进而把三相绘制完成。

绘制图 8-23 三相电机正反转主控电路。

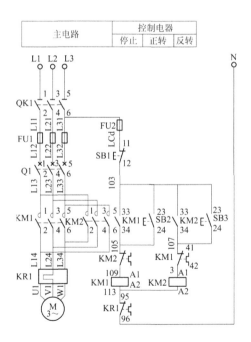

图 8-23 三相电机正反转主控电路的绘制

1. 单相主电路的绘制步骤

① 单击"绘图"工具栏中"圆"命令按钮 ⊙,绘制圆直径为 $\phi5$,作为进线端子,效果如图 8-24

所示。

②单击"绘图"工具栏中"直线"命令按钮 ∕，绘制起点在如图 8-25 所示的象限点，向下绘制，长度为 30，效果如图 8-26 所示。

③现在绘制隔离开关符号，单击"绘图"工具栏中"直线"命令按钮 ∕，按命令行的提示绘制直线，效果如图 8-27 所示。

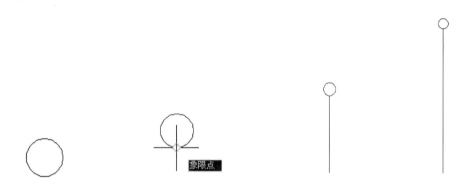

图 8-24　绘制圆　　　图 8-25　捕捉起点　　　图 8-26　绘制直线　　图 8-27　绘制直线

④单击"修改"面板中"旋转"命令按钮 ↻，以图 8-28 所示的端点为旋转中心，把虚线所示的直线逆时针旋转 30°，效果如图 8-29 所示。

⑤单击"绘图"面板中"直线"命令按钮 ∕，绘制隔离开关触头，效果如图 8-30 所示。

⑥单击"绘图"面板中"矩形"命令按钮 □，绘制如图 8-31 所示的矩形 5×10 熔断器符号。

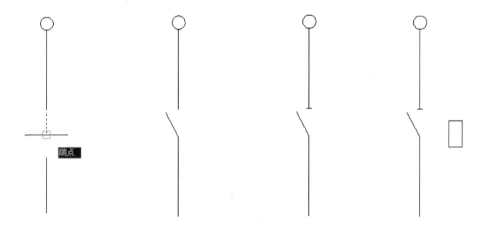

图 8-28　捕捉端点　　　图 8-29　旋转直线　　　图 8-30　绘制触头　　图 8-31　绘制矩形

⑦单击"修改"面板中"移动"命令按钮 ✛，以矩形 5×10 上边中点为移动基准点，以旋转线下端为移动目标点进行移动，效果如图 8-32 所示。

⑧单击"修改"面板中"移动"命令按钮 ✛，把矩形 5×10 向下方移动，移动距离为 10，效果如图 8-33 所示。

⑨单击"修改"面板中"复制"命令按钮 ％，把如图 8-34 所示的虚线图形向下复制一份，复制距离为 40，效果如图 8-35 所示。

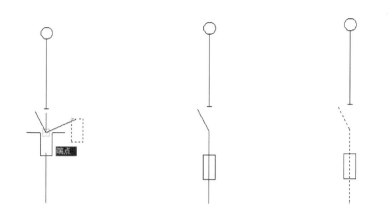

图 8-32 捕捉端点   图 8-33 移动矩形   图 8-34 选择复制图形

⑩ 单击"绘图"面板中"直线"命令按钮 ∕ ,绘制单相短路器触头,效果如图 8-36 所示。

⑪ 单击"修改"面板中"复制"命令按钮 ❀ ,把 8-34 所示的虚线部分再向下复制一份,复制距离为 40,效果如图 8-37 所示。

⑫ 单击"修改"面板中"复制"命令按钮 ❀ ,复制圆 $\phi 5$ 并向下移动,效果如图 8-38 所示。

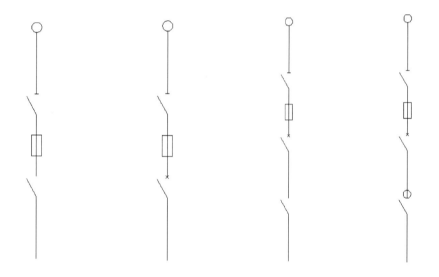

图 8-35 复制图形   图 8-36 绘制触头   图 8-37 复制部分   图 8-38 复制图形

⑬ 单击"修改"面板中"修剪"命令按钮 ⊢ ,以如图 8-39 所示的虚线直线为修剪边,修剪掉直线右边的半圆,效果如图 8-40 所示,即是接触器触点。

⑭ 单击"绘图"面板中"矩形"命令按钮 ▢ ,绘制矩形 30×15,效果如图 8-41 所示。

⑮ 单击"修改"面板中"移动"命令按钮 ✥ ,把矩形上边中点为移动基准点,以 8-42 所示的端点为移动目标点移动,效果如 8-43 所示。

⑯ 单击"修改"面板中"移动"命令按钮 ✥ ,把矩形向下移动,移动距离为 22.5,效果如图 8-44 所示。

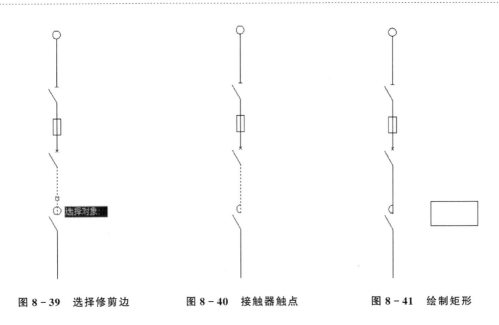

图 8-39 选择修剪边　　　图 8-40 接触器触点　　　图 8-41 绘制矩形

⑰ 单击"绘图"面板中"直线"命令按钮 ╱，以图 8-45 所示端点为起始点，向下绘制长度为 30 的直线，如图 8-46 所示。

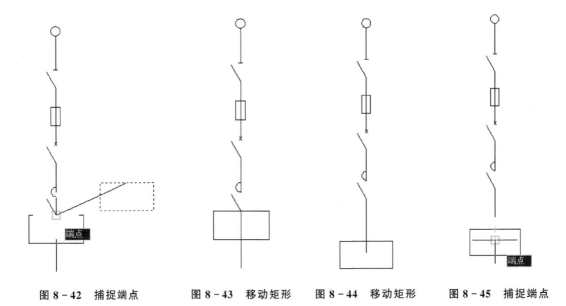

图 8-42 捕捉端点　　图 8-43 移动矩形　　图 8-44 移动矩形　　图 8-45 捕捉端点

⑱ 单击"绘图"面板中"矩形"命令按钮 ▭，绘制起点在如图 8-47 所示交点的矩形（-10）×5，效果如图 8-48 所示。

⑲ 单击"修改"面板中"移动"命令按钮 ✛，把矩形（-10）×5 向上移动，移动距离为 5，效果如图 8-49 所示。

⑳ 单击"修改"面板中"修剪"命令按钮 ╱⁻，以如图 8-50 所示矩形为修剪边，修剪掉光标所示的线头，效果为 8-51 所示。

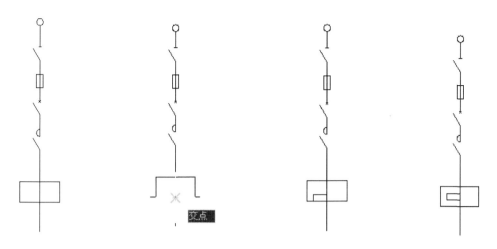

图 8-46 绘制直线 　 图 8-47 捕捉交点 　 图 8-48 绘制矩形 　 图 8-49 移动矩形

㉑ 单击"绘图"面板中"圆"命令按钮 ⊘，绘制圆 $\phi20$，效果如 8-52 所示。

㉒ 单击"修改"面板中"移动"命令按钮 ✛，把圆 $\phi20$ 上端象限点为移动基准点，以图 8-53 所示端点为移动目标点进行移动，效果如图 8-54 所示。

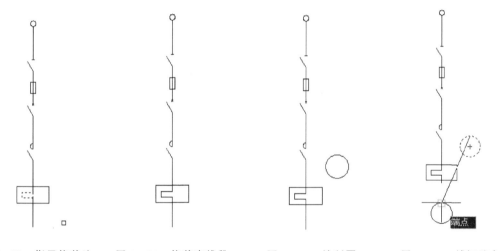

图 8-50 指示修剪边 　 图 8-51 修剪直线段 　 图 8-52 绘制圆 　 图 8-53 捕捉端点

㉓ 单击"注释"面板中"多行文字"命令按钮 **A**，在圆 $\phi20$ 中书写文字"M"，表示电机，效果如图 8-55 所示。

㉔ 单击"修改"面板中"复制"命令按钮 ⬡，把文字在元件旁各复制一份，再单击"注释"选项卡，单击"文字"面板中的"编辑"命令按钮 ⒜，然后单击文字，在屏幕上的"多行文字编辑器"中把文字改成各个元器件的代号，效果如图 8-56 所示。

2. 三相主电路的绘制步骤

① 单击"修改"面板中"复制"命令按钮 ⬡，把如图 8-57 所示的虚线图形分别向右、左复制一份，复制距离为 12，效果如图 8-58 所示。

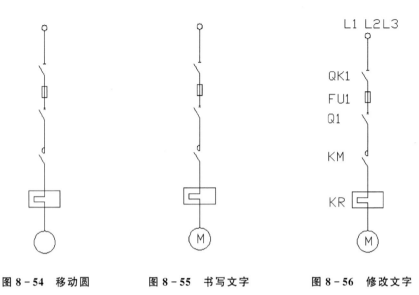

图 8-54 移动圆   图 8-55 书写文字   图 8-56 修改文字

② 单击"绘图"面板中"直线"命令按钮 ，绘制起点在电动机符号圆心，端点在@30＜135 的直线，效果如图 8-59 所示。

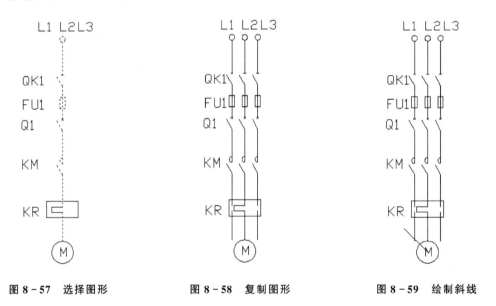

图 8-57 选择图形   图 8-58 复制图形   图 8-59 绘制斜线

③ 单击"修改"面板中"镜像"命令按钮 ，以过电动机符号圆心，垂直向下的直线为对称轴，把斜线对称复制一份，效果如图 8-60 所示。

④ 单击"修改"面板中"修剪"命令按钮 ，以矩形为修剪边，修剪掉矩形内多余的线条，效果如图 8-61 所示。

⑤ 单击"修改"面板中"修剪"命令按钮 ，修剪掉光标所示的两边线头。

⑥ 单击"修改"面板中"复制"命令按钮 ，把接触器 KM 向右复制一份，复制距离适当，效果如图 8-62 所示。

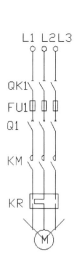

图 8-60 绘制斜线

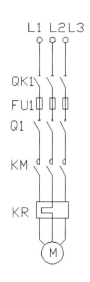

图 8-61 修剪图形

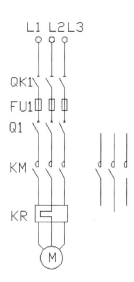

图 8-62 复制接触器

⑦ 单击"绘图"面板中"直线"命令按钮 ，绘制右边接触器与左边主回路之间的连线，效果如图 8-63 所示。

⑧ 单击"修改"面板中"倒角"命令按钮，选中一边后，再选另一边，单击"修改"面板中"修剪"命令按钮，修剪线头，效果如 8-64 所示。

单击"绘图"面板中"直线"命令按钮，并且选取虚线，绘制三相断路器、隔离开关、接触器开关线，效果如图 8-65 所示。

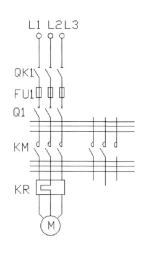

图 8-63 绘制连线

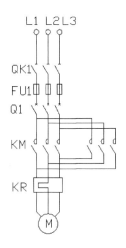

图 8-64 修剪倒角

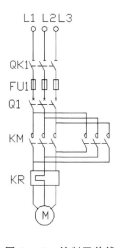

图 8-65 绘制开关线

3. 电动机控制的绘图步骤

① 单击"修改"面板中"复制"命令按钮，向右复制一条线路。

② 单击"修改"面板中"删除"命令按钮，"绘图"工具栏中"直线"命令按钮，修改线路。

③ 单击"修改"面板中"倒角"命令按钮，形成直角，"修改"面板中"删除"命令按钮，修改线路，效果如图8-66所示。

④ 单击"绘图"工具栏中"直线"命令按钮，"修改"面板中"镜像"命令按钮，修改线路，绘制按钮控制启动/停止部分，效果如图8-67所示。

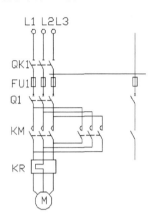

图 8-66 复制整理线路

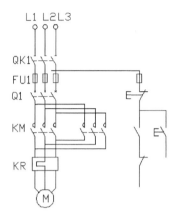

图 8-67 按 钮

⑤ 单击"绘图"工具栏中"直线"命令按钮，"修改"面板中"镜像"命令按钮，"删除"命令按钮，"修剪"命令按钮，修改线路，绘制热继电器辅助触点部分，效果如图8-68所示。

⑥ 单击"修改"面板中"拉伸"命令按钮，调整图像大小，以便于下一步绘图操作。

⑦ 单击"绘图"面板中"矩形"命令按钮，绘制接触器线圈，效果如图8-69所示。

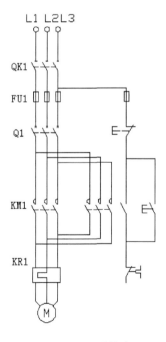

图 8-68 热继触电

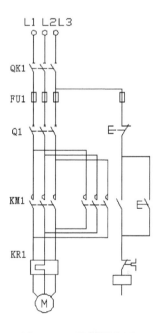

图 8-69 接触器线圈

⑧ 单击"绘图"工具栏中"直线"命令按钮 ，绘制中性线，单击"修改"面板中"复制"命令按钮 ，复制接线端子，效果如图 8-70 所示。

⑨ 单击"绘图"工具栏中"直线"命令按钮 ，"修改"面板中"镜像"命令按钮 ，"删除"命令按钮 ，绘制表格，效果如图 8-71 所示。

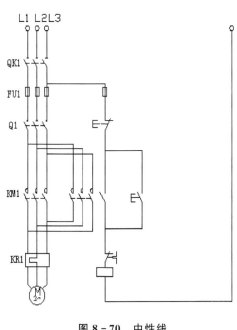

图 8-70　中性线

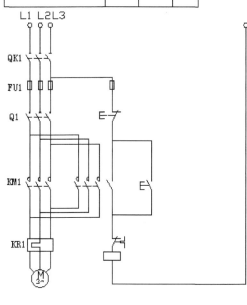

图 8-71　绘制表格

⑩ 单击"注释"面板中"多行文字"命令按钮 ，单击"修改"面板中"复制"命令按钮 ，单击"注释"选项卡，单击"文字"面板中的"编辑"命令按钮 ，在元器件旁书写文字，指示各个元器件的代号。效果如图 8-72 所示。

⑪ 单击"修改"面板中"复制"命令按钮 ，复制一份常闭辅助触点，作为热继电器 KR1 的常闭辅助触点。

⑫ 单击"修改"面板中"修剪"命令按钮 ，进一步修整刚才复制的辅助触点。

⑬ 单击"修改"面板中"复制"命令按钮 ，相关图形向右复制 1 份，复制距离适当，效果如图 8-73 所示。

⑭ 单击"绘图"工具栏中"直线"命令按钮 ，绘制控制回路之间的连线。

⑮ 单击"修改"面板中"修剪"命令按钮 ，修整控制回路线头。

⑯ 单击"修改"面板中"复制"命令按钮 ，单击"注释"选项卡，单击"文字"面板中的"编辑"命令按钮 ，修改元器件文字符号，效果如图 8-74 所示。

⑰ 单击"注释"面板中"多行文字"命令按钮 ，单击"修改"面板中"复制"命令按钮 ，单击"注释"选项卡，单击"文字"面板中的"编辑"命令按钮 ，在控制回路书写并且修改线号，效果如图 8-75 所示。

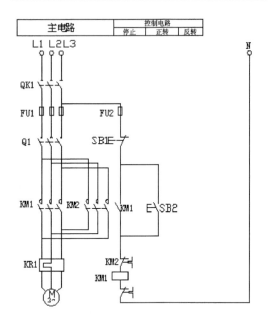

图 8-72 添加文字

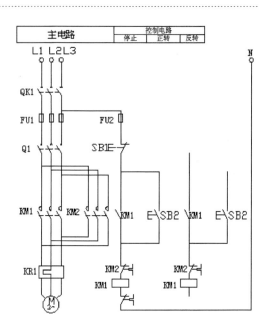

图 8-73 复制图形修整连线

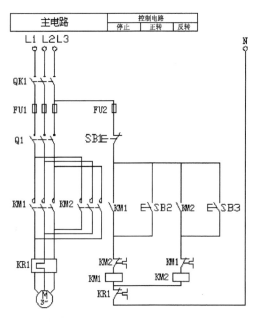

图 8-74 修改文字

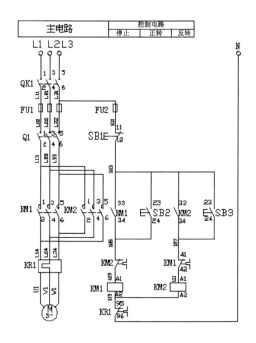

图 8-75 修改线号

任务三 民宅进线柜原理图的绘制

进线柜是由低压电源(变压器低压侧)引入配电装置的总开关柜。进线柜为负荷侧的总开关柜,该柜担负着整段母线所承载的电流,由于该开关柜所联接的是主变与低压侧负荷输出,就显其作用的重要所在。在继电保护方面,当主变低压侧母线或断路器发生故障时,要靠变压器低压侧的过流保护跳开进线柜开关来切除故障。低压侧母线故障也要靠主变压器低压侧的后备保护来切除进线柜开关。变压器差动保护动作也要切除变压器低压侧断路器。绘制如图 8-76 所示进线电气柜原理图。

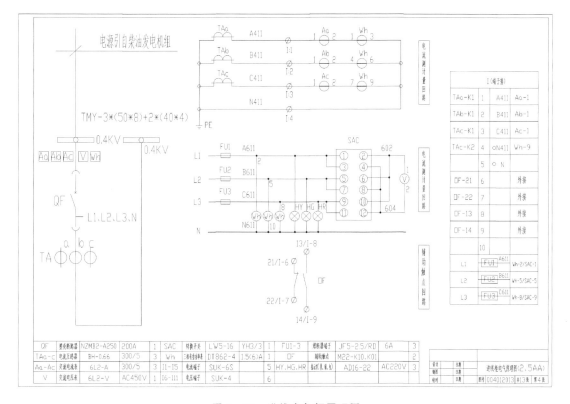

图 8-76 进线电气柜原理图

1. 民宅进线柜电流测量回路、计量回路

绘制步骤如下:

① 单击 ✎ 按钮,绘制一条长 18 的直线。单击 ⊘ 按钮,沿直线左侧端点向内"虚拖"距离为 5.5 处为圆心,绘制 ϕ7 的圆。单击 ✂ 按钮,将圆向右复制一份,距离为 7。效果如图 8-77 所示。

② 单击 ⊶ 按钮,将直线下方的半圆修剪掉。

③ 单击 ✎ 按钮,在圆弧两侧直线下方,绘制两条长为 2 的竖线,组成电流互感器符号。效果如图 8-78 所示。

④ 单击 ✎ 按钮,在图 8-78 中图形的下方绘制两条直线,效果如图 8-79 所示。

图 8-77 绘制直线与圆   图 8-78 电流互感器符号   图 8-79 绘制直线

⑤ 单击 ⊘ 按钮，绘制 φ8 的圆，单击 → 按钮，绘制连接圆水平象限点的直线，作为电流表和功率表的图形。单击 ⅜ 按钮，将仪表图形向右复制一份，距离为 30。效果如图 8-80 所示。

⑥ 单击 ⅜ 按钮，将图 8-80 中的图形向下复制两份，距离分别为 18、36。效果如图 8-81 所示。

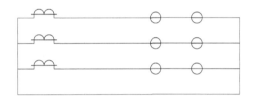

图 8-80　绘制仪表图形

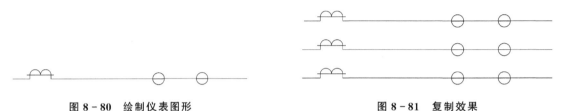

图 8-81　复制效果

⑦ 单击 ✎ 按钮，在图 8-80 中绘制一条长 160 的直线。并用直线连接。效果如图 8-82 所示。

⑧ 单击 ⊘ 按钮，绘制 φ4 的圆。单击 ✎ 按钮，绘制一条斜线。移动斜线，使其与圆组成效果如图 8-83 所示测量端子图形。

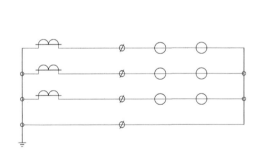

图 8-82　直线将图形两端连接

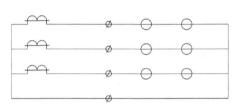

图 8-83　测量端子图形

⑨ 单击 ⊘ 按钮，绘制 φ2 的圆作为节点。将其移动、复制到各节点位置。绘制地线。效果如图 8-84 所示。

⑩ 单击 ⬚ 按钮，新建图层，选择颜色，线型。单击 A 按钮，在图 8-84 中标注各部件名称、项目代号。效果如图 8-85 所示。

图 8-84　绘制地线符号

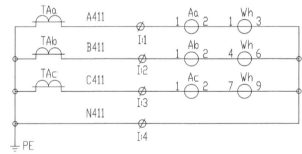

图 8-85　民宅进线柜电流测量、计量回路

2. 民宅进线柜电压测量回路、计量回路

绘制步骤如下：

① 单击 ⬚ 按钮，绘制 28×55 的矩形，将线型改为 DASHED。效果如图 8-86 所示。

【提示】图 8-86 中框线的 DASHED 线型看不清晰，可双击该线，在弹出的"特性"对话框,修改线型比例到合适值。若不影响视图或不产生歧义,也可以不必修改。

② 单击 ⊘ 按钮,绘制 ϕ6.5 的圆。单击 ╱ 按钮,在圆的左象限点引出长为 10 的直线。单击 ⊞ 按钮,将绘制的符号阵列为 6 行 1 列,行偏移 9。效果如图 8-87 所示。

③ 单击 ✛ 按钮,将图 8-87 所示的符号移动到图 8-86 所绘的矩形内,调整好位置,效果如图 8-88 所示。

图 8-86　绘制的矩形　　　　图 8-87　阵列效果　　　　图 8-88　移动效果

④ 单击 ⚑ 按钮,将图 8-88 中的全部圆和直线以矩形垂直中线为对称轴,向右镜像,并在圆内按顺序填入相应的数字,作为转换开关(SAC)图形。效果如图 8-89 所示。

⑤ 单击 ╱ 按钮,在左侧的"1""5""9"接线端子绘制长为 120 的直线。单击 ▭ 按钮,绘制 3 个 8×4 的矩形作为熔断器符号,并移动到合适位置,效果如图 8-90 所示。

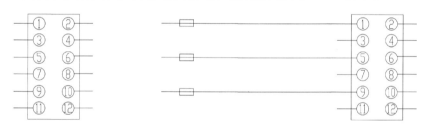

图 8-89　转换开关图形　　　　　图 8-90　绘制熔断器并连接

⑥ 单击 ⊘ 按钮,绘制 ϕ8 的圆,并在圆内输入字母"V",作为电压表符号。移到合适位置并连接。效果如图 8-91 所示。

⑦ 单击 ⊘ 按钮,绘制 2 个 ϕ8 的圆。其中一个圆内输入字母"wh",作为功率表符号,另一圆内绘制两条成 90°交叉的直线,作为指示灯符号。效果如图 8-92 所示。

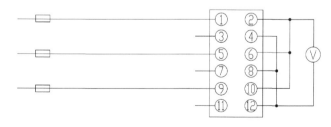

图 8-91　连接电压表符号　　　　　图 8-92　功率和指示灯符号

⑧ 将功率表和指示灯符号各复制三份。单击 ✛ 按钮,将功率表和指示灯符号移动到适当

位置,并连线。效果如图 8-93 所示。

⑨ 单击 按钮,新建图层,选择颜色、线型。单击 **A** 按钮,在图中标注各部件名称、项目代号。效果如图 8-94 所示。

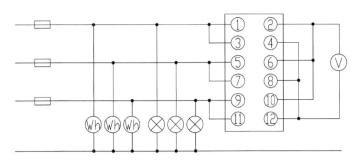

图 8-93　连接功率表和指示灯符号

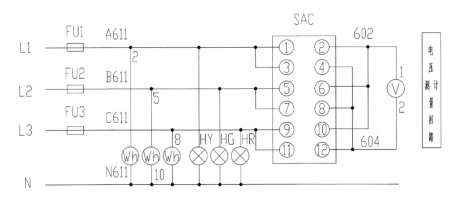

图 8-94　民宅进线柜电压测量、计量回路

3. 辅助触点回路

绘制步骤如下:

① 绘制开关符号。效果如图 8-95 所示。

② 绘制的端子图形,移动到开关的两端并连接。效果如图 8-96 所示。

③ 单击 按钮,新建图层,选择颜色、线型。单击 **A** 按钮,在图中标注各部件名称、项目代号。效果如图 8-97 所示。

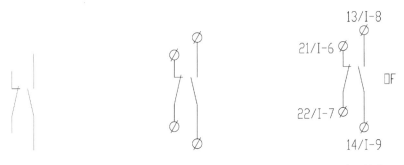

图 8-95　绘制开关符号　　**图 8-96　连接端子**　　**图 8-97　辅助触点回路**

4. 电源进线

绘制步骤如下：

① 单击 ▭ 按钮,绘制 30×4 的矩形。单击 ◯ 按钮,在矩形内绘制内切圆,切点为矩形长边的中点。效果如图 8 – 98 所示。

② 单击 ✂ 按钮,将图形向右复制一份,距离为 70。效果如图 8 – 99 所示。

图 8 – 98　矩形内切圆 　　　　　　图 8 – 99　复制效果

③ 绘制一个塑壳断路器符号。效果如图 8 – 100 所示。

④ 单击 ◯ 按钮,绘制 φ10 的圆。单击 ╱ 按钮,绘制一条长 16 的竖线。单击 ✛ 按钮,以直线中心为基点,将直线移动到圆心位置。单击 ✂ 按钮,将圆和直线向右复制 2 份。距离为 12,作为电流互感器图形。效果如图 8 – 101 所示。

⑤ 单击 ▭ 按钮,绘制 8×8 的矩形。单击 ✂ 按钮,将矩形向右复制 4 份,距离为 10。单击 ✛ 按钮,将右侧两个矩形向右移动 2。在矩形中分别输入"Aa""Ab""Ac""V""Wh"字母,表示交流电流表图形、交流电压表图形、功率表图形。效果如图 8 – 102 所示。

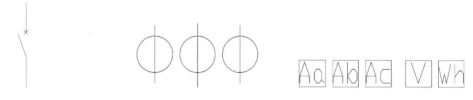

图 8 – 100　塑壳断路器符号 　　图 8 – 101　电流互感器图形 　　图 8 – 102　仪表图形

【提示】本步骤绘制 8×8 的矩形,当然可以用正四边形绘制。

⑥ 单击 ✛ 按钮,将已经完成的图形移动到适当位置。单击 ╱ 按钮,将布置好的图形用直线连接。直线长度适当,美观即可。效果如图 8 – 103 所示。

⑦ 单击 ▧ 按钮,新建图层,选择颜色,线型。单击 **A** 按钮,在图中标注各部件名称、项目代号。效果如图 8 – 104 所示。

5. 端子排接线表

绘制步骤如下：

① 单击 ▦ 按钮,绘制表格,并将其修改,效果如图 8 – 105 所示。

② 单击 **A** 按钮,在表中填写部件名称、项目代号及相关符号。效果如图 8 – 106 所示。

6. 材料表

效果如图 8 – 107 所示(过程略)。

7. 进线电气柜原理图

插入图框和标题栏,并将绘制好的图形及表格移动到适当位置,边布局边调整,查找遗漏及错误。进线电气柜原理图最终效果如图 8 – 76 所示。

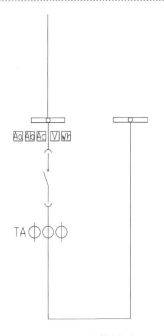

图 8 - 103　连接图形

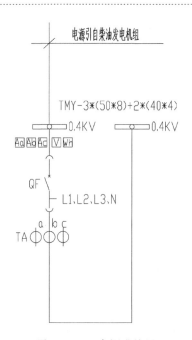

图 8 - 104　电源进线图

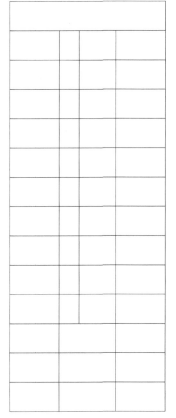

图 8 - 105　绘制表格

Ⅰ (端子排)			
TAa-K1	1	A411	Aa-1
TAb-K1	2	B411	Ab-1
TAc-K1	3	C411	Ac-1
TAc-K2	4	N411	Wh-9
	5	N	
ⅡF-21	6	外接	
ⅡF-22	7	外接	
ⅡF-13	8	外接	
ⅡF-14	9	外接	
	10		
L1	FU1	A611	Wh-2/SAC-1
L2	FU2	B611	Wh-5/SAC-5
L3	FU3	C611	Wh-8/SAC-9

图 8 - 106　端子排接线表

QF	塑壳断路器	NZMB2-A250	200A	1	SAC	转换开关	LW5-16	YH3/3	1	FU1-3	熔断器端子	JF5-2.5/RD	6A	3
TAa-c	电流互感器	BH-0.66	300/5	3	Wh	三相有功电度表	DT862-4	1.5(6)A	1	QF	辅助触点	M22-K10、K01		2
Aa-Ac	交流电流表	6L2-A	300/5	3	I1-I5	电流端子	SUK-6S		5	HY、HG、HR	信号灯(黄、绿、红)	AD16-22	AC220V	3
V	交流电压表	6L2-V	AC450V	1	I6-I11	电压端子	SUK-4		6					

图 8 - 107 材料表

任务四 变频恒压供水一用一备电气原理图一次回路的绘制

变频器也称变频调速器,它采用大功率晶体管 GTR 作为功率元件,以单片机为核心进行控制,采用 SPWM 正弦脉宽调制方式,是电力电子与计算机控制相结合的机电一体化产品。将随着功率元件和计算机技术的发展,其在结构上体积减小;质量更小;性能上优于以往的变极调速、串阻调速、滑差电机调速等交流电机调速方式;并且将会取代直流电机调速。用交流异步电机取代直流电机,将使调速系统更加简单。绘制图 8 - 108 所示变频恒压供水一用一备电气原理图一次回路图。

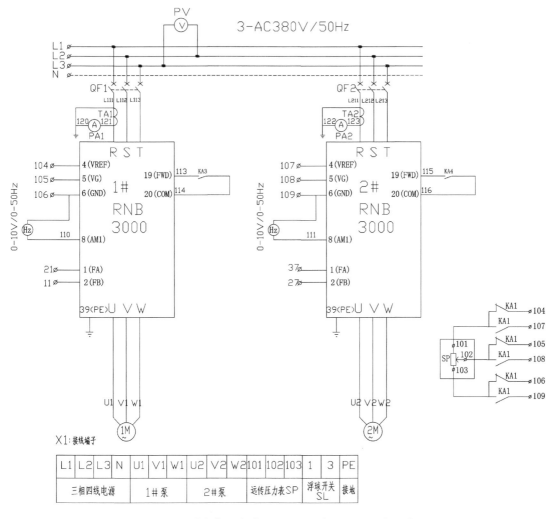

图 8 - 108 变频恒压供水一用一备电气原理图一次回路图

1. 三相四线

绘制三相四线的步骤如下：

① 单击"绘图"面板中"直线"命令按钮 ╱，绘制长为 130 直线。单击"修改"面板中的"偏移"命令按钮 ⊿，将直线向下偏移，距离分别为 4、8 和 12。效果如图 8-109 所示。

② 选中最下方的直线双击，在弹出的"特性"对话框中修改"线型"，改为 DASH。效果如图 8-110 所示。

图 8-109　偏移直线　　　　　　　　　　　图 8-110　修改"线型"

2. 空气开关符号

① 绘制如图 8-111 所示 1P 开关符号（步骤略）。

② 单击"修改"面板中"阵列"命令按钮 ▦，将图 8-111 所示符号阵列 3 列，列偏移为 5。单击"绘图"面板中"直线"命令按钮 ╱，绘制经过三个开关刀片符号的中点的直线，并将线型改为点划线。效果如图 8-112 所示。

图 8-111　1P 空气开关符号　　　　　　　图 8-112　3P 空气开关符号

3. 绘制保护测量部分

① 单击"绘图"工具栏中"圆"命令按钮 ⊘，绘制 φ3 的圆。效果如图 8-113 所示。

② 单击"修改"面板中"复制"命令按钮 ℅，将圆复制一份，并向下移动距离为 3。单击"绘图"面板中"直线"命令按钮 ╱，捕捉两个圆的圆心并用直线连接。效果如图 8-114 所示。

③ 在命令行输入"Lengthen"命令，选择图 8-113 中直线，分别向上、向下拉长。效果如图 8-115 所示。

④ 单击"修剪"命令按钮 ⊹ 和"删除"命令按钮 ✐，以垂直直线为修剪边，对圆进行修剪，并删除垂直直线，填写辅助字母"M、N"。效果如图 8-116 所示。

图 8-113　圆　　　图 8-114　直线连接圆心　　　图 8-115　拉长效果　　　图 8-116　绘制电感

⑤ 单击"直线"工具按钮 ╱，以 M 为起点，绘制水平直线长为 14。用同样的方法绘制以 N 为起点的另一条水平直线。捕捉两条直线的左端点并用直线连接，效果如图 8-117 所示。

⑥ 单击"绘图"工具栏中"圆"命令按钮 ⊘，将圆内直线进行修剪，效果如图 8-118 所示。

⑦ 单击"绘图"面板中"直线"命令按钮 ╱，绘制接地线，并过两个半圆的圆心绘制一条垂直直线，作为线圈的铁心符号。效果如图 8-119 所示。

4. 绘制接线端子

单击"绘图"工具栏中"圆"命令按钮 ⊘，绘制 $\phi 1$ 的圆。单击"绘图"面板中"直线"命令按钮 ╱，捕捉圆心绘制与水平方向成 45°角的直线。效果如图 8-120 所示。

图 8-117　连接直线　　图 8-118　修　剪　　图 8-119　保护测量部分　　图 8-120　绘制接线端子

5. 变频器图形的绘制

① 选择"绘图"面板中"矩形"命令按钮 ▭，绘制 35×64 的矩形，如图 8-121 所示。

② 选择"绘图"工具栏中的"直线"命令按钮 ╱，绘制相关接线，如图 8-122 所示。

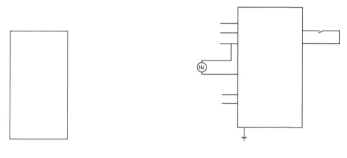

图 8-121　绘制矩形　　　　　　　　图 8-122　绘制直线

③ 选择"绘图"工具栏中的"多行文字"命令按钮 **A**，填写项目代号及相关文字信息，组成 1♯变频器图形。效果如图 8-123 所示。

④ 单击"修改"面板中"复制"命令按钮 ⬚，将 1♯变频器图形复制一份，并改成 2♯变频器图形。效果如图 8-124 所示。

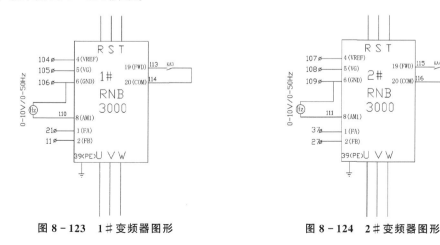

图 8-123　1♯变频器图形　　　　　　图 8-124　2♯变频器图形

6．电动机符号

参考任务二绘制如图 8-125 所示的电动机符号。

图 8-125　电动机符号

7．布局与调整

运用"正交""对象捕捉""对象追踪"等功能,将图形符号移动到合适的位置。由于各个图形的尺寸大小不一,在视图的时候可能不协调。因此,可以利用"缩放"功能进行适当调整。单击"绘制"工具栏中的"直线"命令按钮 ✎,绘制连接线。添加项目代号等文字信息。在相应的位置添加上接线端子。效果如图 8-126 所示。

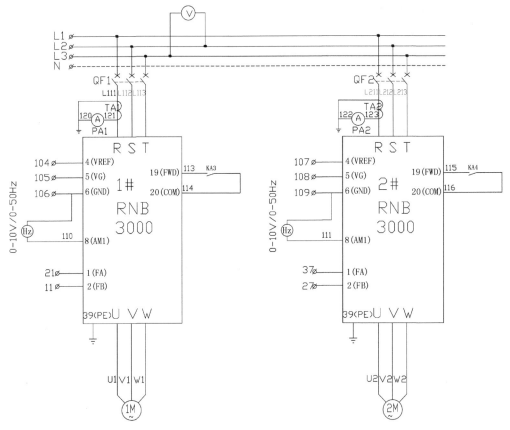

图 8-126　变频器接线图

8．远程压力表

① 绘制如图 8-127 所示的远程压力表图形。

② 放置常开和常闭触点开关,绘制外围连线,添加文字。单击"绘图"工具栏中"文字"工具按钮 **A**,在接入导线旁边书写这些符号的项目代号,效果如图 8-128 所示。

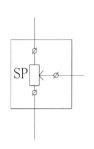

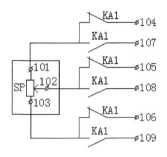

图 8－127　远程压力表图形　　　　图 8－128　放置开关并连接

9. 接线端子表

① 单击"绘图"工具栏中"表格"命令绘制表格,并且调整表格,如图 8－129 所示。

② 双击表格,在表格内书写文字,接线端子表如图 8－130 所示。

图 8－129　绘制表格

X1: 接线端子

L1	L2	L3	N	U1	V1	W1	U2	V2	W2	101	102	103	1	3	PE
三相四线电源				1# 泵			2# 泵			远传压力表SP			浮球开关 SL		接地

图 8－130　接线端子表

10. 整理全图

将以上绘制的各个图形放置在同一个页面中,并进行布局与调整;认真查找遗漏和错误,并进行修改。效果如图 8－108 所示。

【提示】图 8－108 中还缺少图框和标题栏,可以现绘制图框和标题栏,也可以插入已经做成"外部块"的图框和标题栏,组成比较规范的一张电气工程图纸。

任务五　电梯控制梯形图的绘制

梯形图是 PLC 使用得最多的图形编程语言,被称为 PLC 的第一编程语言。梯形图与电器控制系统的电路图很相似,具有直观易懂的优点,很容易被工厂电气人员掌握,特别适用于开关量逻辑控制。梯形图常被称为电路或程序,梯形图的设计称为编程。

电梯具有复杂的电气控制系统,包括主程序图、楼层显示控制、轿箱内选层按钮指示灯控制、门厅呼层按钮控制、选向控制、电梯起动和一、二级制动控制、电梯平层控制等。从图形上看:任务复杂,组成部分比较多。但是细分析各个组成部分,发现它们都有相同组件且很多。因此在绘制此类电路图时,首先绘制图中常用的电气元件符号,然后再绘制电路图。

绘制图 8－131 所示电梯 PLC 及网络控制示意图。

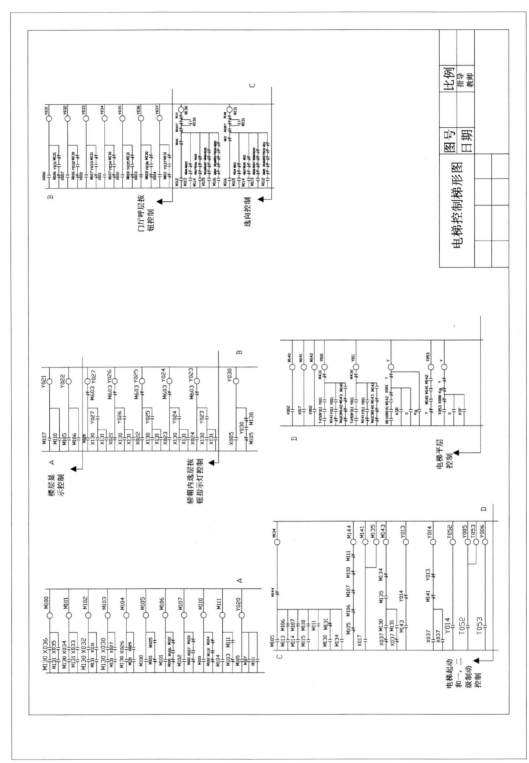

图8-131 电梯PLC及网络控制示意图

1. 绘制组件符号

① 单击"绘图"工具栏中"直线"命令按钮 ✏，绘制一条长为 2 的垂直直线。然后单击"修改"面板中"偏移"命令按钮 ⌷，把直线偏移 1。效果如图 8-132 所示。

② 单击"绘图"工具栏中"直线"命令按钮 ✏，再单击"对象捕捉"工具栏中"捕捉到中点"命令按钮 ✒，分别捕捉两条垂直直线的中点，向左和向右分别绘制长为 1 的水平直线，作为常开触点符号。效果如图 8-133 所示。

③ 将图 8-133 所示图形复制一份，单击"绘图"工具栏中"直线"命令按钮 ✏，在常开触点符号上绘制一条斜线，作为常闭触点符号。效果如图 8-134 所示。

④ 单击"绘图"工具栏中"圆"命令按钮 ⊙，绘制 Φ3 的圆，捕捉左右象限点绘制水平直线长均为 1，作为继电器线圈符号（继电器线圈符号有几种不同的样式）。效果如图 8-135 所示。

图 8-132 竖直线　　图 8-133 常开触点符号　　图 8-134 常闭触点符号　　图 8-135 继电器线圈符号

2. 连接电路

① 放置常开触点符号、继电器线圈符号。单击"绘图"面板中"直线"命令按钮 ✏，绘制回路之间的连线，并在两侧绘制母线。效果如图 8-136 所示。

② 单击"修改"面板中"复制"命令按钮 ⬯，复制图 8-136 的常开触点符号及连线部分，以直线左端点为复制基点，向下移动距离为 3。单击"绘图"面板中"直线"命令按钮 ✏，绘制回路之间的连线，效果如图 8-137 所示。

图 8-136 连接线路　　　　　　　　　图 8-137 复制一条电路

③ 单击"修改"面板中"阵列"命令按钮 ⊞，将图 8-137 中母线间的电路阵列为 5 行 1 列，行偏移为 11。效果如图 8-138 所示。

④ 复制常开触点、常闭触点和线圈符号，并用直线连接成如图 8-139 所示的梯形图。

⑤ 在图 8-139 的基础上，采用"复制"和"移动"，绘制如图 8-140 所示的梯形图。

⑥ 单击"注释"面板中"多行文字"命令按钮 **A**，填加符号的"操作数"字符，完成 A 部分绘制。效果如图 8-141 所示。

⑦ 重复步骤①～⑥，绘制 A—B 部分梯形图。单击"绘图"工具栏上"多段线"按钮 ⤵，绘制起点宽度为 1、终点宽度为 0、长为 1 的箭头。将箭头放置在合适的位置，连线。再向下复制一份，放置到合适位置。效果如图 8-142 所示。

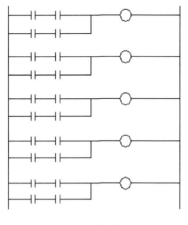

图 8-138　阵列结果

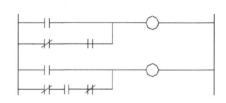

图 8-139　连接符号

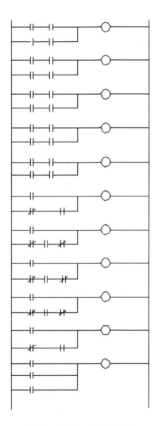

图 8-140　复制结果

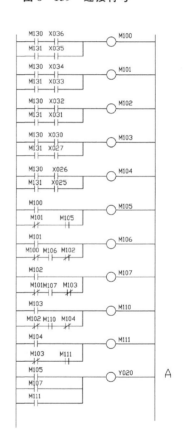

图 8-141　填加文字

【说明】由于梯形图对象较多,限于图纸篇幅有限,将梯形图分成几部分来绘制。若图纸足够大,当然可以连续绘制。例如图 8-142 可以在图 8-141 的基础上连续绘制。

⑧ 重复步骤①～⑥,绘制 B—C 部分梯形图如图 8-143 所示。

⑨ 重复步骤①～⑥,绘制 C—D 部分梯形图如图 8-144 所示。

⑩ 重复步骤①～⑥,绘制 D 部分梯形图如图 8-145 所示。

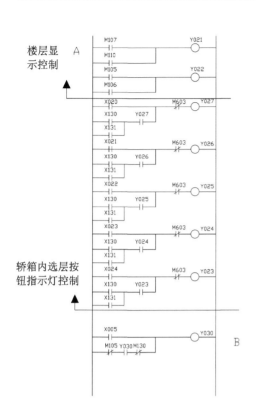

图 8-142 A—B 部分梯形图

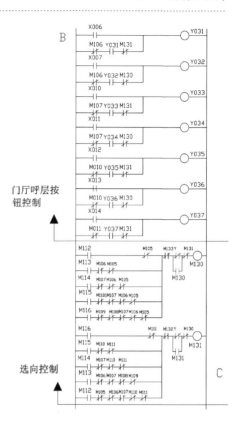

图 8-143 B—C 部分梯形图

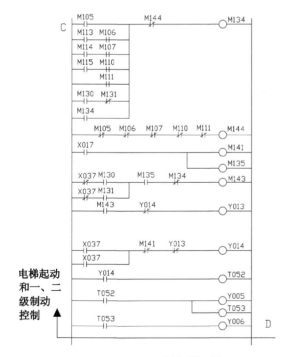

图 8-144 C—D 部分梯形图

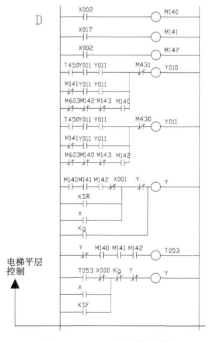

图 8-145 D 部分梯形图

⑪ 插入图框和标题栏,将 A—D 各部分梯形图重新进行布局并调整,电梯控制梯形图最终效果如图 8 - 131 所示。

任务六　架空电缆线路安装示意图

架空电缆线路工程就是将电缆架设在杆路上的一种敷设方式,被广泛地运用于省内干线和本地工程中。绘制图 8 - 146 架空电缆线路安装示意图,其绘制思路是,第一绘制电杆图形符号,其次绘制正吊线和辅吊线,第三绘制茶托拉板和扁钢,最后添加文字注释和说明。

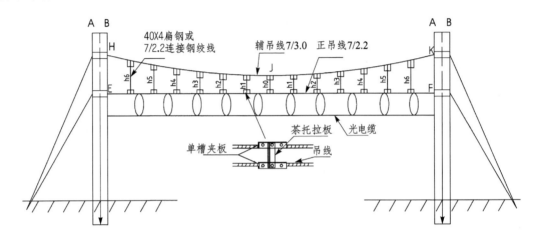

图 8 - 146　架空电缆线路安装示意图

1. 配置绘图环境

① 建立新文件。打开 AutoCAD 应用程序,以"A4.dwt"样板文件为模板,建立新文件。

② 设置图层。调用菜单命令"格式"|"图层",或者单击"图层管理器"图标 ,打开"图层特性管理器",新建两个图层,分别为"轮廓线层"和"中心线层",并将"轮廓线层"置为当前。

③ 保存新文件。将新文件命名为"架空光缆线路图.dwg"并保存。

2. 绘制图形符号

(1) 绘制电杆示意图

① 绘制电杆主体。调用"矩形"命令,尺寸为 10 mm×120 mm,然后分解,并且将直线 AB 依次向下偏移,偏移距离依次为 12 mm、4 mm、20 mm 和 4 mm,如图 8 - 147(a)所示。

② 绘制地平线。调用"直线"命令,打开"正交"方式,以 C 点为起点,向左绘制一条长度为 50 mm 的直线,然后调用"镜像"命令,以电杆的中线(虚线)为对称轴,绘制右边的长度为 50 mm 的直线。再次调用"直线"命令,以 D 点为起点,绘制一条长度为 7,角度为 240°的短斜线,并依次将其复制为 9 条,间距均为 10 mm,并且将第一条短斜线删除,效果如图 8 - 147(b)所示。

③ 绘制电杆拉线。调用"直线"命令,绘制如图 8 - 147(c)所示顶头拉线和双方拉线(其中双方拉线下面的箭头,为"多段线"命令所绘制)。

④ 绘制另外一条电杆。调用"复制"命令,打开"正交"方式,以 A 点为基点,向右复制另外一条电杆,复制距离为 220 mm。然后调用"镜像"命令,将顶头拉线,以电杆中心线为对称

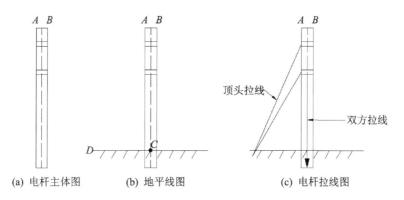

(a) 电杆主体图　　　(b) 地平线图　　　(c) 电杆拉线图

图 8 - 147　电杆示意图

轴做镜像,镜像后将源对象删除,效果如图 8 - 148 所示。

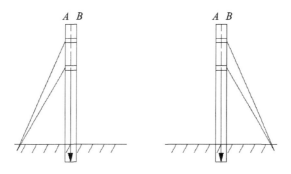

图 8 - 148　复制后电杆示意图

(2) 绘制吊线

① 绘制正吊线。调用"直线"命令,绘制正吊线,直线的起点和终点分别为点 E 和点 F,如图 8 - 149 所示。

② 绘制辅吊线。调用"圆弧"命令,利用三点绘制圆弧的方法绘制辅吊线,圆弧的第一点、第二点和端点分别为点 H、J、K,如图 8 - 149 所示(其中点 J 与直线 EF 的中点位于同一条垂直方向上)。

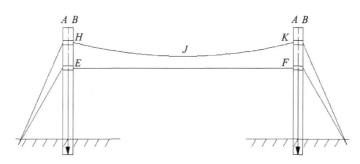

图 8 - 149　正、辅吊线图

(3) 绘制连接钢绞线和茶托拉板

① 选择菜单"绘图"|"点"|"定数等分"命令,将直线 EF 等分为 14 段,并将"草图设置"|

"对象捕捉"对话框中的"节点"复选框选中。

② 绘制连接钢绞线。调用"直线"命令,打开"正交"方式,将正吊线上的 13 个节点与辅吊线进行连接,然后调用"修剪"命令,以辅吊线为剪切边,将超出辅吊线的钢绞线剪切掉,效果如图 8-150 所示。

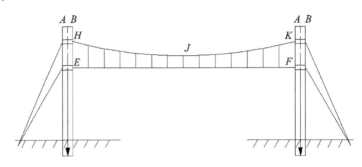

图 8-150 连接钢绞线示意图

③ 绘制茶托拉板。调用"直线"命令,绘制三条直线,长度分别为 2 mm、4 mm、2 mm,如图 8-151 所示,然后调用 wblock 命令,将茶托拉板保存为图块,再按照图 8-146 所示的茶托拉板的位置进行插入块,并组合图形。

④ 绘制光电缆。调用"椭圆"命令,绘制光电缆,椭圆的两个轴的长度分别为 13 mm 和 6 mm,如图 8-152 所示,并调用 wblock 命令保存成图块,然后照图 8-146 所示的光电缆的位置进行插入块,并组合图形。

图 8-151 茶托拉板图块   图 8-152 光电缆圈图块

3. 添加文字注释和说明

① 绘制表格如表 8-1 所列。

表 8-1 中间连接数量与隔距表

电杆间距/m	70	80	90	100	110	120	130	140	150	1
中间连接个数	1	1	1	3	3	3	5	5	5	7
中间连接间距/m				25	27.5	30	21.6	23.3	25	20

② 按照图 8-146 所示,为整个图形添加文字注释和说明。

任务七 电杆安装三视图

在架空线路中,电杆是必不可少的电气设施,通过绘制本图,学习架空线路三视图的绘制方法。绘制思路是,首先根据三视图"长对正、高平齐、宽相等"的原则绘制主、左、俯视图的轮廓线,然后依次分别绘制主视图、左视图和俯视图,如图 8-153 所示。

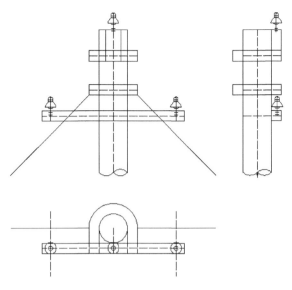

图 8-153 电杆安装三视图

1. 配置绘图环境

① 建立新文件。打开应用程序,以"A0.dwt"样板文件为模板,建立新文件。

② 设置图层。调用菜单命令"格式"|"图层",或者单击"图层管理器"图标 ≡,打开"图层特性管理器",新建三个图层,分别为"实体层"、"轮廓线层"和"中心线层",并将"轮廓线层"置为当前。

③ 保存新文件。将新文件命名为"电杆安装三视图.dwg"并保存。

2. 绘制轮廓线

① 调用"构造线"命令,在绘图区域绘制一条水平,且两端向无线延伸的构造线。

② 调用"偏移"命令,以上一步骤中所绘制的那条构造线为起始,依次向下绘制 13 条构造线,每次均以上一条构造线为起始,偏移量依次为 120 mm、30 mm、30 mm、140 mm、30 mm、30 mm、90 mm、30 mm、30 mm、625 mm、85 mm、30 mm 和 30 mm。结果如图 8-154 所示。

③ 调用"构造线"命令,绘制一条垂直构造线。

④ 调用"偏移"命令,以上一步骤中所绘制构造线为起始,依次向右绘制 12 条构造线,每次均以上一条构造线为起始,偏移量依次为 50 mm、230 mm、60 mm、85 mm、85 mm、60 mm、230 mm、50 mm、350 mm、85 mm、85 mm 和 60 mm。结果如图 8-155 所示。

图 8-154 偏移结果

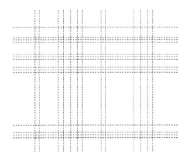

图 8-155 偏移结果

⑤ 调用"修剪"命令和"删除"命令,将图 8 - 155 修剪成三个区域,每个区域对应一个视图,结果如图 8 - 156 所示。

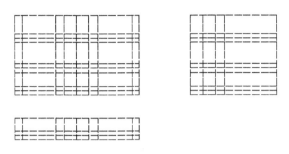

图 8 - 156 图纸布局

⑥ 继续调用"修剪"命令和"删除"命令,将图 8 - 156 所示三个区域,分别修剪为主、左、俯视图的轮廓线图,结果如图 8 - 157 所示。

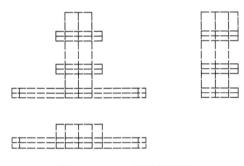

图 8 - 157 三视图轮廓线

3. 绘制主视图

(1) 绘制绝缘子图块

① 将"中心线层"设置为当前图层。调用"直线"命令,绘制一条长度为 110 mm 的直线,然后以直线的下端点为起点,向左绘制一条长度为 10 mm 的直线,结果如图 8 - 158(a)所示。

② 调用"偏移"命令,将直线 1,依次向上偏移,偏移量依次为 5 mm、15 mm、25 mm、8 mm、30 mm 和 12 mm,然后删除直线 1,结果如图 8 - 158(b)所示。

③ 调用"拉长"命令,将直线 5 向左拉长 23 mm,将直线 6 和 7 分别向左拉长 3 mm,结果如图 8 - 158(c)所示。

④ 调用"圆弧"命令,以直线 6 的左端点为起点,以直线 5 的左端点为终点,以 65 mm 为半径,绘制圆弧,结果如图 8 - 158(d)所示。然后调用"直线"命令,以直线 4 的左端点为起点,绘制一条长度为 18 mm,角度为 135°的直线,该直线与直线 5 相交,最后调用"修剪"命令,修剪掉多余部分,结果如图 8 - 158(d)所示。

⑤ 调用"直线"命令,连接直线 6 和直线 7 的两个端点,绘制直线 8,并调用"拉长"命令,将直线 8 向上拉长 5 mm,结果如图 8 - 158(d)所示。

⑥ 调用"圆弧"命令,以中心线的上端点为起点,以直线 8 的上端点为终点,以 10 mm 为半径,绘制圆弧,结果如图 8 - 158(e)所示。

⑦ 调用"镜像"命令,以图 8 - 158(e)为对象,以绝缘子中心线为镜像线,做镜像操作,结果

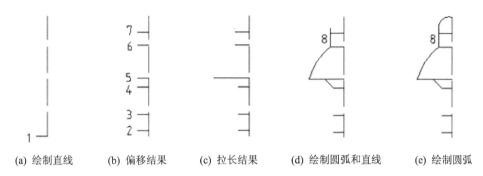

| (a) 绘制直线 | (b) 偏移结果 | (c) 拉长结果 | (d) 绘制圆弧和直线 | (e) 绘制圆弧 |

图 8 – 158 绝缘子左半部分示意图

如图 8 – 159(a)所示。

⑧ 调用"圆"命令,以中心线的上端点为圆心,以 2.5 mm 为半径,绘制圆,结果如图 8 – 159(b)所示。

⑨ 调用"图案填充"命令,选择"solid"图案,将圆进行填充,如图 8 – 159(c)所示。

⑩ 在命令行输入 WBLOCK 的"写块"命令,将绝缘子存储为图块。

| (a) 镜像命令 | (b) 绘制圆 | (c) 填充结果 |

图 8 – 159 绝缘子图块完成图

(2) 绘制顶杆支座抱箍

① 选中图 8 – 157 主视图轮廓线中的实体图形,将其图层属性设置为"实体层"。单击"图层"工具栏的下拉按钮,弹出下拉菜单,单击选择"实体层",将其图层属性设置为"实体层",结果如图 8 – 159(a)所示。然后调用"偏移"命令,将矩形 1 中的左竖直边和右竖直边分别向内侧偏移 115 mm 的距离,结果如图 8 – 160(a)所示。

② 调用"延伸"命令,将上一步骤中偏移得到的两条竖直边分别延伸至电杆主视图的上边界,结果如图 8 – 160(b)所示。

③ 调用"拉长"命令,将电杆主视图的两条竖直边,分别向下拉长 300 mm,然后调用"圆弧"命令,在最下端绘制 3 段圆弧,结果如图 8 – 160(c)所示。

(3) 插入绝缘子图块

选择主菜单中的"插入"|"块"命令,弹出"插入"对话框。单击"名称"右侧的"浏览"按钮,选择前面存储的"绝缘子"图块,在图 8 – 160(c)中添加绝缘子,结果如图 8 – 161 所示。

(4) 绘制拉线

① 调用"直线"命令,在"极轴"和"对象捕捉"的方式下,以矩形 2 的左下角点为直线的起点,角度为 225°,直线的下端点与电杆中心线的下端点在同一条水平线上,绘制左边的拉线。然后调用"镜像"命令,以左边拉线为对象,以电杆中心线为镜像线,绘制右边的拉线。

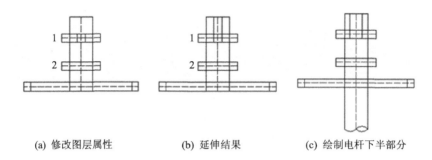

(a) 修改图层属性   (b) 延伸结果   (c) 绘制电杆下半部分

图 8 - 160　电杆主视图主体部分

② 调用"多段线"命令,绘制拉线箭头,命令行提示如下:起点宽度 0,端点宽度 18,箭头长度 150。结果如图 8 - 162 所示。至此,完成电杆主视图的绘制。

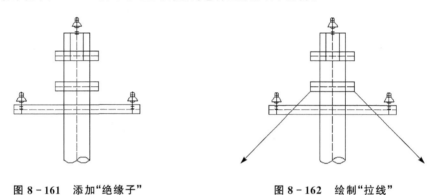

图 8 - 161　添加"绝缘子"　　　　**图 8 - 162　绘制"拉线"**

4. 绘制俯视图

(1) 绘制绝缘子俯视图

① 与绘制主视图时的操作方法类似,首先将图 8 - 157 中的俯视图轮廓线的主体部分,由"轮廓线层"更换至"实体层",结果如图 8 - 163 所示。

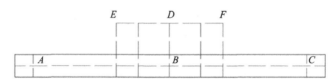

图 8 - 163　俯视图主体部分

② 调用"圆"命令,分别以图 8 - 163 中的点 A、B、C 为圆心,绘制两个同心圆,其中大圆的半径为 33mm,小圆的半径为 13mm,结果如图 8 - 164 所示。

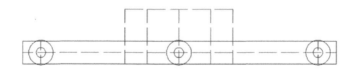

图 8 - 164　"绝缘子"俯视图

（2）绘制电杆、抱箍俯视图

调用"圆"命令，以图 8-163 中的点 D 为圆心，分别以 85 mm 和 145 mm 为半径，绘制同心圆，然后调用"修剪"命令，修剪图中多余的圆弧及直线，结果如图 8-165 所示。

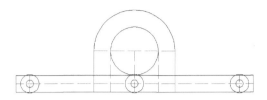

图 8-165　"电杆、抱箍"俯视图

（3）绘制"拉线"俯视图

调用"直线"命令和"多段线"命令，分别以图 8-163 中的点 E 和点 F 为起点，绘制两条水平直线和两个箭头（拉线的长度与主视图中的拉线在水平方向上的投影长度相等），结果如图 8-166 所示。至此，完成电杆俯视图的绘制。

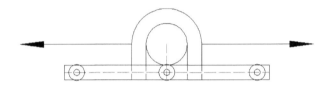

图 8-166　"拉线"俯视图

5. 绘制左视图

左视图的绘制过程，可以参考前面绘制主视图和俯视图的步骤，所以不做详细介绍，只简单介绍左视图的大致步骤。

① 将图 8-157 中的左视图轮廓线的主题部分，更换至"实体层"，结果如图 8-167 所示。

② 调用"拉长"命令，将电杆左视图的两条竖直边分别向下拉长 300 mm，然后调用"圆弧"命令，绘制 3 条圆弧，构成电杆的底端。

③ 调用"矩形"命令，分别以图 8-167 中的矩形 1 和矩形 2 的左上角定点为第一个角点，向左绘制两个 60 mm×60 mm 的矩形。然后调用"修剪"命令，将矩形 3 中的多余直线修剪掉，结果如图 8-168 所示。

④ 选择主菜单中的"插入"|"块"命令，插入绝缘子图块。

⑤ 绘制"拉线"左视图。至此，完成电杆左视图的绘制，结果如图 8-169 所示。

图 8-167　修改图层属性　　图 8-168　电杆主体左视图　　图 8-169　完成左视图绘制

任务八 电子玩具原理图

图 8-170 所示为我们最后要得到的一张简单的电子玩具原理图。绘制思路是,首先观察并分析图纸的结构以选择适当大小的样板文件,其次绘制出电路中的各个电器元件,然后绘制线路图,最后组合图形并添加文字注释。

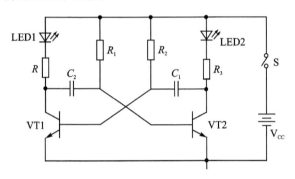

图 8-170 电子玩具原理图

1. 配置绘图环境

① 建立新文件。打开 AutoCAD 应用程序,以 A4. dwt 样板文件为模板,建立新文件。

② 设置图层。调用菜单命令"格式"|"图层",或者单击"图层管理器"图标 ,打开"图层特性管理器",新建两个图层,分别为"实体层""连线层",并将"实体层"置为当前,设置好各图层的属性。

③ 保存新文件。将新文件命名为"电子玩具原理图. dwg"并保存。

2. 绘制实体符号

(1) 绘制电阻、电容、发光二极管、三极管符号。参考项目七,获得如图 8-171~图 8-174所示符号。

图 8-171 电阻符号   图 8-172 电容符号   图 8-173 发光二极管符号   图 8-174 三极管

(2) 绘制电源符号

① 打开"正交"方式,调用"直线"命令,绘制一条长度为 10 mm 的水平直线,结果如图 8-175(a)所示。

② 调用"偏移"命令,将上一步骤中绘制的直线向下偏移 3 mm,结果如图 8-175(b)所示。

③ 选择菜单"绘图"|"点"|"定数等分"命令,将直线 2 等分为 4 段,然后将第一段和最后一段删除,结果如图 8-175(c)所示。

注意:删除第一段和最后一段直线之前,应事先将"工具"|"草图设置"|"对象捕捉"选项卡中"节点"前面的复选框选中。

④ 将图 8-175(c)中的图形进行复制,复制距离为 6 mm,至此完成电源符号的绘制,结果如图 8-175(d)所示。

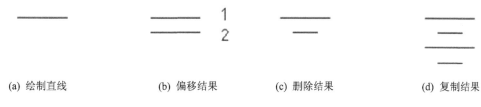

(a) 绘制直线　　　　　　(b) 偏移结果　　　　　　(c) 删除结果　　　　　　(d) 复制结果

图 8-175　电源符号

（3）绘制电源开关符号

① 调用"圆"命令,绘制一个半径为 1 mm 的圆,如图 8-176(a)所示。然后调用"复制"命令,以圆心为基点,在"正交"状态下,向下复制一个圆,圆心距离为 6 mm,结果如图 8-176(b)所示。

② 将"草图设置"选项卡中的"切点"复选框勾上(设置方法前面已经介绍过,这里不再赘述),然后调用"直线"命令,绘制一条斜线(长度为 6 mm,角度与 x 轴正方向成 240°角),结果如图 8-176(c)所示。

（4）绘制接地符号

调用"多段线"和"直线"命令绘制接地符号,多段线长度为 12 mm,宽度为 1 mm,结果如图 8-177 所示。

(a) 绘制圆　　　　(b) 复制结果　　　　(c) 绘制切线

图 8-176　电源开关符号　　　　　　　　　　**图 8-177　接地符号**

3. 绘制线路图

① 将当前图层切换至"连线层",然后调用"直线""偏移"等命令绘制如图 8-178 所示的线路图。

② 调用"修剪""打断"等命令修剪上一步骤中所绘制的主线路图,结果如图 8-179 所示。

4. 组合图形

① 将前面步骤中所绘制的电器元件图块插入到图 8-180 所示线路图的适当位置,然后进行修剪处理。

② 绘制圆点接头。以接地符号与线路的交点为圆心,绘制半径为 1 mm 的圆,再选择SOLID 图案对圆进行图案填充,完成绘制圆点接头。然后进行多个复制,结果如图 8-181所示。

5. 添加注释

按照图 8-170 所示,为整个图形添加文字注释和说明。

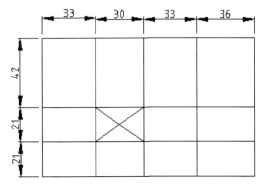

图 8 - 178　线路图

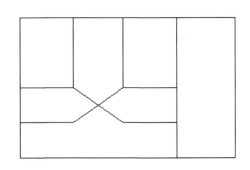

图 8 - 179　修改之后的线路图

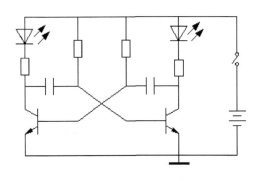

图 8 - 180　修剪处理后的图形

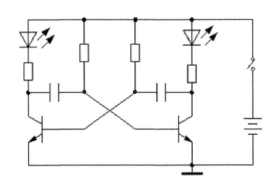

图 8 - 181　绘制圆点接头

任务九　台式电脑外观设计图

图 8 - 182 是某品牌台式电脑的外观设计平面图,本项目详细介绍了该图的绘制过程。其绘制思路是,首先绘制显示器及其底座的外观形状,然后绘制机箱面板和箱体的二维平面图,最后组合图形并且为整个图纸添加文字注释和相关说明。

1. 配置绘图环境

① 建立新文件。打开 AutoCAD 应用程序,以 A0. dwt 样板文件为模板,建立新文件。

② 保存新文件。将新文件命名为"台式电脑外观设计图. dwg"并保存。

2. 绘制显示器及其底座

(1)绘制显示器外观形状

① 调用"矩形"命令,绘制一个矩形,尺寸为 440 mm×280 mm。然后将矩形分解。

② 调用"偏移"命令,将矩形的四条边分别向内侧偏移 10 mm,结果如图 8 - 183(a)所示。

③ 调用"修剪"命令,将多余部分修剪掉,结果如图 8 - 183(b)所示。

④ 调用"圆角"命令,对大矩形的四个角进行倒圆角,圆角的半径为 10 mm,结果如图 8 - 183(c)所示。

(2)绘制前控制面板按键

① 调用"矩形"命令,绘制一个矩形,尺寸为 12 mm×8 mm。

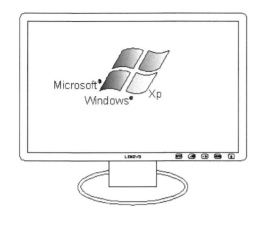
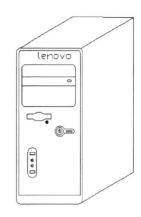

图 8 - 182　某品牌台式电脑外观设计图

(a) 偏移结果　　　　　　　　　　　(b) 修剪结果　　　　　　　　　　　(c) 圆角结果

图 8 - 183　绘制显示器

② 调用"多行文字"命令,文字编辑区域的第一角点和对角点分别指定上一步骤中所绘制矩形的左上角点和右下角点。在文字编辑区域中输入文字内容 AUTO,并且将文字内容"居中",文字对齐方式选择"正中",文字高度为 3 mm,结果如图 8 - 184 所示。

③ 调用"圆角"命令,将矩形的四个角进行倒圆角,圆角的半径为 2 mm。结果如图 8 - 185 所示。

图 8 - 184　输入文字　　　　　　　　　　　图 8 - 185　倒圆角结果

④ 调用"复制"命令,将图 8 - 184 中的图形进行连续多个复制,复制距离依次为 25mm、50mm、75mm 和 100mm,即每两个图形对象之间间隔 25mm,结果如图 8 - 186 所示。

图 8 - 186　"多个"模式复制结果

⑤ 调用"圆"命令,绘制一个半径为 1 mm 的圆。然后调用"直线"命令,打开"正交"方式,绘制一条长度为 1 mm 的竖直直线,结果如图 8 - 187(a)所示。

⑥ 选择长度为 1 mm 的直线为对象,做环形阵列,环形阵列的中心点为圆心,阵列后的结

果如图8-187(b)所示。

⑦ 调用"图案填充"命令,选择"SOLID"图案,对圆进行图案填充,结果如图8-187(c)所示。

(a) 绘制圆和直线   (b) 环形阵列结果   (c) 图案填充结果

图8-187　绘制选择按键图案

⑧ 调用"正多边形"命令,绘制一个边长为2 mm的正三角形,然后调用"图案填充"命令,选择SOLID图案,将正三角形进行填充,结果如图8-188所示。

⑨ 将图8-185中的第二个图形中的文字内容AUTO删除,然后将图8-187(c)和图8-188中的图形移动至其中,结果如图8-189所示。

图8-188　绘制三角形及图案填充   图8-189　选择按键

⑩ 将图8-186中后三个图中的文字内容AUTO删除,然后与上述步骤类似,依次绘制其他三个按键。各按键中的图形尺寸和文字高度与前面步骤中的描述相同即可。电源开关按键中的圆半径为1.5 mm,包含角度为300°,竖线的长度为2 mm。结果分别如图8-190、8-191、8-192所示。

图8-190　选择按键   图8-191　屏幕菜单按键   图8-192　电源开关按键

(3) 绘制底座

① 绘制显示器与底座的连接部位。调用"矩形"命令,绘制一个矩形,尺寸为90 mm×45 mm。

② 调用"椭圆"命令,以上一步骤中所绘制矩形的下边长的中点为椭圆的中心,椭圆的长轴长度为100 mm,短轴长度为28 mm,结果如图8-193(a)所示。

③ 调用"修剪"命令,将底座被连接部位遮挡的部分修剪掉,结果如图8-193(b)所示。

④ 调用"偏移"命令,将被修剪之后的椭圆进行偏移,偏移距离为6mm,结果如图8-193(c)所示。

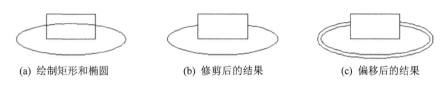

(a) 绘制矩形和椭圆　　　　(b) 修剪后的结果　　　　(c) 偏移后的结果

图 8 - 193　显示器底座

3. 绘制计算机机箱

（1）绘制机箱正面形状

① 调用"矩形"命令，绘制一个矩形，尺寸为 370 mm×160 mm，然后将矩形分解。接着调用"偏移"命令，将矩形的上、左、右边长分别向内侧偏移 5 mm，下边长向上偏移 20 mm，结果如图 8 - 194(a)所示。

② 调用"修剪"命令，将多余部分修剪掉，结果如图 8 - 194(b)所示。

③ 调用"圆角"命令，对大矩形的四个角进行倒圆角，圆角半径为 8 mm，结果如图 8 - 194(c)所示。

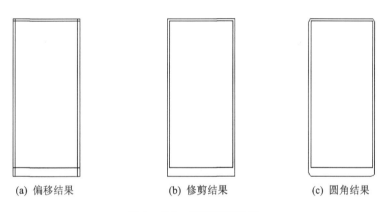

(a) 偏移结果　　　　　(b) 修剪结果　　　　　(c) 圆角结果

图 8 - 194　机箱正面形状

（2）绘制光驱面板

① 调用"矩形"命令，绘制一个矩形，尺寸为 130 mm×100 mm，矩形的定位尺寸如图 8 - 195 所示。

② 将矩形分解，然后选择菜单"绘图"|"点"|"定数等分"命令，将矩形的左边长等分为四等份。接着在"对象捕捉"对话框中选中"节点"复选框，再调用"直线"命令，绘制两条直线，结果如图 8 - 196(a)所示

③ 对矩形进行倒圆角，圆角半径为 8 mm，结果如图 8 - 196(b)所示

④ 绘制光驱开关按钮。其尺寸如图 8 - 196(c)所示。

（3）绘制软驱面板

① 调用"矩形"命令，绘制一个矩形，尺寸为 60 mm×12 mm，并且将矩形分解。

② 调用"定数等分"命令，将矩形的上边长等分为四份。然后调用"圆弧"命令，采用三点法绘制圆弧，圆弧的第一点、第二点和第三点分别如图 8 - 197(a)中所示。

③ 调用"镜像"命令，以矩形左、右边长的中点所在直线为对称轴，将圆弧进行镜像，结果如图 8 - 197(b)所示。

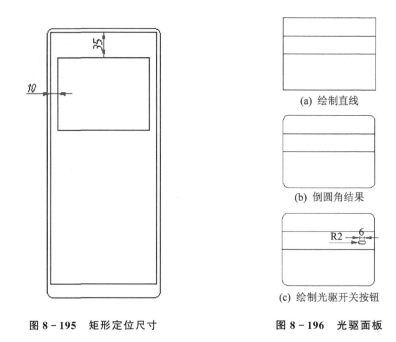

图 8 – 195　矩形定位尺寸　　　　　　　　　图 8 – 196　光驱面板

④ 调用"修剪"命令,将直线多余部分修剪掉,结果如图 8 – 197(c)中所示。

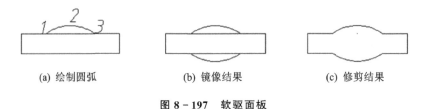

(a) 绘制圆弧　　　　　　(b) 镜像结果　　　　　　(c) 修剪结果

图 8 – 197　软驱面板

(4) 绘制电源开关按钮

① 调用"圆"命令,绘制两个同心圆,半径分别为 8 mm 和 12 mm。然后调用"直线"命令,过大圆水平直径的右端点,绘制一条长度为 20 mm 的水平直线,结果如图 8 – 198(a)所示。

② 调用"偏移"命令,将水平直线分别向上、下偏移 5 mm,结果如图 8 – 198(b)所示。然后调用"延伸"命令,将偏移后的两条直线延伸至与大圆相交,结果如图 8 – 198(c)所示。在调用"圆弧"命令,绘制一条半圆弧,结果如图 8 – 198(d)所示。

③ 调用"修剪"命令,将大圆位于直线之间的部分修剪掉,结果如图 8 – 198(e)所示。

④ 调用"直线"命令,绘制两条间距为 4 mm 的水平直线,直线长度为 10 mm,然后调用"圆弧"命令,分别以直线的四个端点为圆弧的起点和端点,绘制两条半圆弧,结果如图 8 – 198(f)所示。

⑤ 调用"移动"命令,将图 8 – 198(f)中的图形移动至图 8 – 198(g)中的适当位置,图中的 A 点和 B 点分别为两条直线的中点。

⑥ 调用"圆弧"和"直线"命令,绘制电源开关按钮标志图形,结果如图 8 – 198(h)。其中圆弧的半径为 3.5 mm,半弧角度为 300°,直线的长度为 4.9 mm。

(5) 绘制耳机和 USB 插口

① 调用"直线"和"圆弧"命令,绘制两条竖直平行线和两条半圆弧,结果如图 8 – 199(a)所

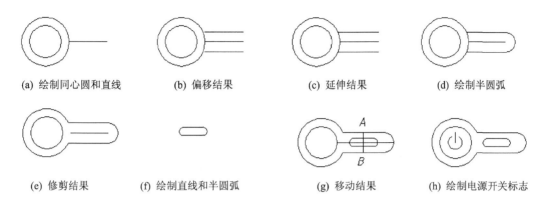

(a) 绘制同心圆和直线　　(b) 偏移结果　　(c) 延伸结果　　(d) 绘制半圆弧

(e) 修剪结果　　(f) 绘制直线和半圆弧　　(g) 移动结果　　(h) 绘制电源开关标志

图 8-198　绘制机箱电源开关按钮

示。其中直线的长度为 48 mm,平行线间距为 22.5 mm。

② 调用"矩形"命令,绘制一个矩形,尺寸为 12 mm×5 mm,并且将矩形放至图 8-199(a)中的适当位置,结果如图 8-199(b)所示。

③ 调用"镜像"命令,将矩形以两条竖直直线中点的连线为对称轴进行镜像,结果如图 8-199(c)所示。

④ 与步骤②和步骤③类似,绘制耳机和麦克插孔,结果如图 8-199(d)所示。其中两个同心圆的半径分别为 3 mm 和 2 mm。

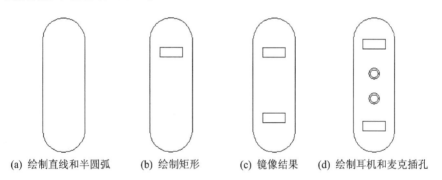

(a) 绘制直线和半圆弧　　(b) 绘制矩形　　(c) 镜像结果　　(d) 绘制耳机和麦克插孔

图 8-199　绘制 USB 和耳机插孔

4. 组合图形

(1) 根据图 8-182,将显示器和底座进行组合,并且将显示器前控制面板中的各个按键移动至适当位置。

(2) 将计算机机箱面板中的各个图形进行组合,结果如图 8-200 所示。

(3) 绘制计算机机箱箱体。

① 在状态栏的"对象捕捉"选项卡上右击,打开"对象捕捉"对话框,将"切点"前的复选框勾上,然后调用"直线"命令,以机箱右下方圆角上的切点为起点,绘制一条长度为 148 mm,角度为 30°的直线 1。

② 调用"复制"命令,将直线 1 进行复制,得到直线 2 和直线 3,然后调用"直线"命令,将直线 1、2 和 3 的端点进行连接,结果如图 8-201 所示。

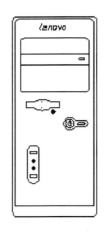

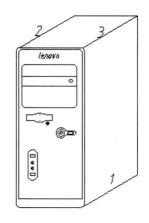

图 8 - 200　机箱正面图形　　　　　图 8 - 201　机箱箱体二维图形

5. 添加文字注释

按照图 8 - 182 所示，为整个图形添加文字注释和说明。

【实战演练】

1. 依照所给图纸（见图(1)）绘制通信机房平面图。

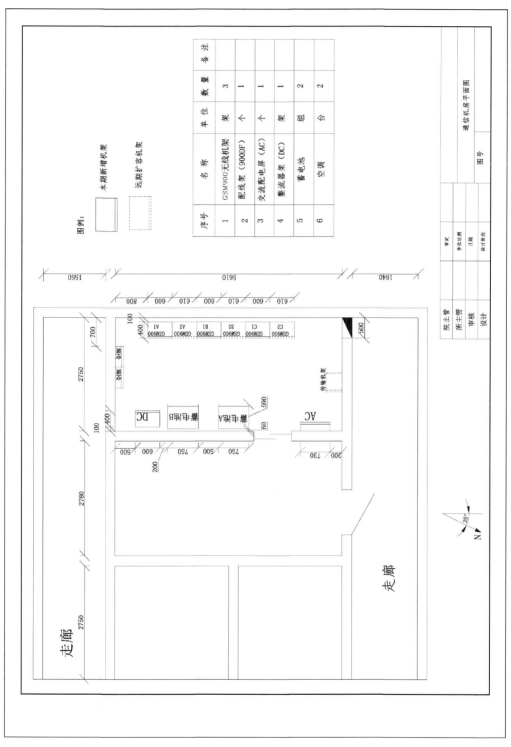

图（1）

2. 依照所给图纸(见图(2))绘制通信线路施工图。

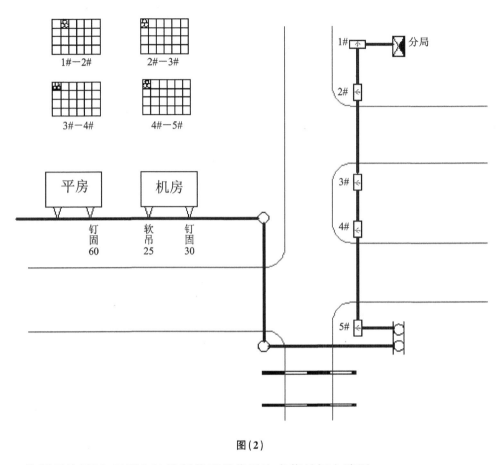

图(2)

3. 依照所给图纸(见图(3))绘制某型号货运汽车信号灯电路图。

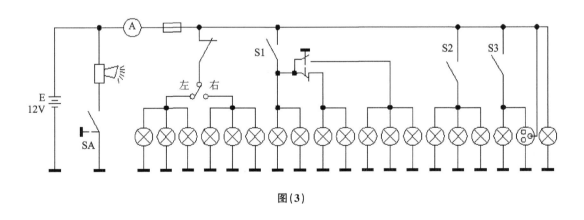

图(3)

4. 依照所给图纸(见图(4))绘制电梯 PLC 及网络控制示意图。

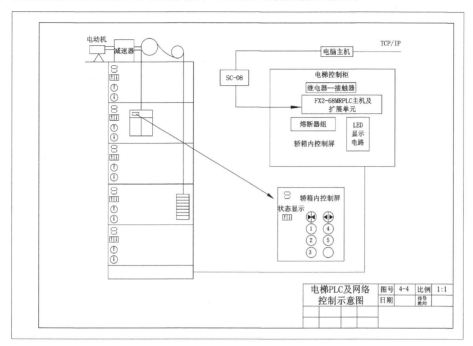

图(4)

5. 依照所给图纸(见图(5))绘制合川 10 kV 塔耳门开闭所改造工程电气总平面图。

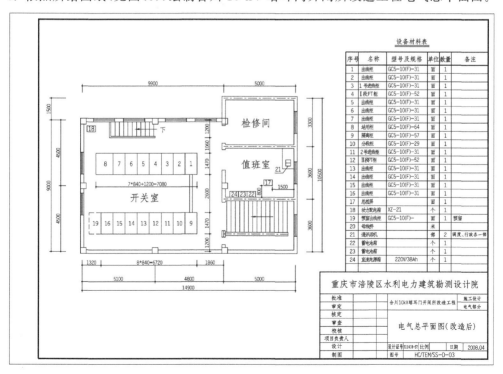

图(5)

6. 依照所给图纸(见图(6))绘制星三角降压启动控制柜盘面布置图。

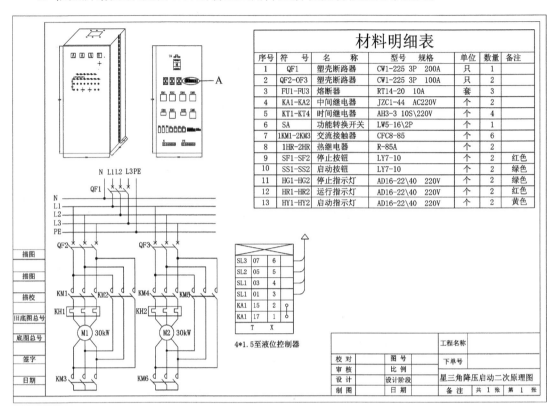

材料明细表

序号	符 号	名 称	型号 规格	单位	数量	备注
1	QF1	塑壳断路器	CW1-225 3P 200A	只	1	
2	QF2-0F3	塑壳断路器	CW1-225 3P 100A	只	2	
3	FU1-FU3	熔断器	RT14-20 10A	套	3	
4	KA1-KA2	中间继电器	JZC1-44 AC220V	个	2	
5	KT1-KT4	时间继电器	AH3-3 10S\220V	个	4	
6	SA	功能转换开关	LW5-16\2P	个	1	
7	1KM1-2KM3	交流接触器	CFC8-85	个	6	
8	1HR-2HR	热继电器	R-85A	个	2	
9	SF1-SF2	停止按钮	LY7-10	个	2	红色
10	SS1-SS2	启动按钮	LY7-10	个	2	绿色
11	HG1-HG2	停止指示灯	AD16-22\40 220V	个	2	绿色
12	HR1-HR2	运行指示灯	AD16-22\40 220V	个	2	红色
13	HY1-HY2	启动指示灯	AD16-22\40 220V	个	2	黄色

图(6)

项目九　图纸布局和输出打印

在现今信息社会需求的条件下，随着计算机制图 AutoCAD、CAE、CAPP、CAM 一体化技术的整合，在产品的设计、制造过程中实现无图纸化已经成为可能，但在大多数情况下，产品制造过程主要还是以图纸作为指导性技术文件。而 AutoCAD 仅仅是一个设计绘图软件，用它进行设计最终还需要用图纸的形式来表达。因此，需要对设计图纸进行打印输出，以方便工程人员在各种施工条件下进行工作及相关产品的生产制造。

任务一　布局空间

启动 AutoCAD 2012 后，绘图区域下方的"模型"选项卡处于激活状态，即通常情况下，用户在模型空间中进行设计绘图，而在布局空间中对图纸进行布局和打印输出。使用布局空间可以方便地设置打印设备、纸张、比例尺、图纸布局，并预览实际出图的效果。

（一）进入布局空间

布局空间又称为图纸空间，是设置、管理视图的 AutoCAD 环境，如图 9-1 所示。它相当于手工绘图中的图纸页面，在绘制图形前后安排图形的输出布局。其中可以按模型对象不同方位显示视图，按合适的比例在图纸上表示出来，同时可以自定义图纸的大小，生成图框和标题栏。平时工作时用到的只是模型空间。而在模型空间中可以创建物体的视图模式，建模时所处的 AutoCAD 2012 环境，可以按物体的实际尺寸绘制、编辑二维或三维图形，也可以进行三维实体造型，还可以全方位地显示图形对象，它是一个三维环境。所以模型空间中的三维对象在图纸空间中使用二维空间平面上的投影来表示，图纸空间就是二维空间环境。

图 9-1　布局空间

在窗口中,虚线部分为图纸边界,黑色线框为可打印区域边界。

(二) 创建布局

尽管 AutoCAD 模型空间只有一个,但是用户可以为图形创建多个布局图。这样可以用多张图纸多侧面地反映同一个实体或图形对象。例如,工程的总图纸拆成多张不同专业图纸。

AutoCAD 提供了多种用于创建新布局的方法和管理布局的方法,用户最常用的启用"新建布局"命令有以下两种:

① 选择菜单"插入"|"布局"|"新建布局"子菜单项;

② 选择菜单"工具"|"向导"|"创建布局"子菜单项。

在命令行中输入 layout 命令,命令行提示如下:

```
命令:layout
输入布局选项 [复制(C)/删除(D)/新建(N)/样板(T)/重命名(R)/另存为(SA)/设置(S)/?] <设置>:
new
```

提示中其他选项的含义如下:

◆ "复制"(C):用于复制已有的布局来创建新的布局。

◆ "删除"(D):用于删除一个布局。在选择该项后,将提示输入删除布局的名称。如果选择所有的布局,将删除所有布局,但删除后依然保留一个"布局 1"的图纸空间。

◆ "新建"(N):用于创建一个新布局,选择后输入新布局名称。

◆ "样板"(T):用于利用模板文件(.dwt)或图形文件(.dwg)中已有的布局来创建新的布局。在选择该项后将弹出如图 9-2 所示的对话框。在该对话框中选择一个合适的模块文件后,将弹出如图 9-3 所示的对话框,在该对话框中选择一个或多个布局进行插入,最后单击 确定(O) 即可。

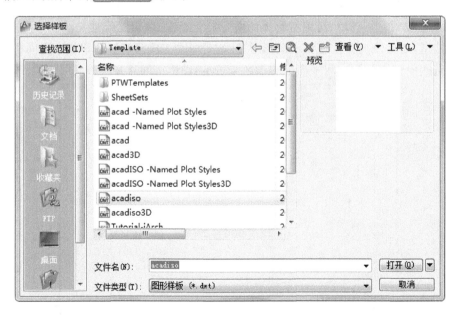

图 9-2 "从文件选择样板"对话框

◆ "重命名"(R):用于重新给一个布局的命名。选择该项后,AutoCAD 将提示输入的旧

布局与新布局名称。(注:布局名称最多有
255 个字符,不区分大小写。显示在绘图区标
签中只有 32 位)

◆ "另存为"(SA):选择该项后,需要输入要保存
到样板的布局。输入布局名称后,将弹出如
图 9－4 所示对话框,在对话框中输入要保存
的文件名即可完成操作。

◆ "设置"(S):用于设置当前布局。在选择该项
后,输入设置当前布局的名称。

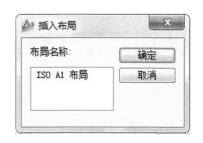

图 9－3 "插入布局"对话框

图 9－4 "创建图形文件"文件框

◆ ?:该选项用于显示当前所有布局。

注意:在 AutoCAD 中提供两个名称为"布局 1"和"布局 2"的默认布局,所以新创建时,默认布局名称为"布局 3"。

(三) 创建浮动视口

在 AutoCAD 中,视口可以分为在模型空间创建的平铺视口和在布局图形空间创建的浮动窗口。前者在项目九当中已经有过具体介绍,此处不再赘述。当界面为平铺视口时,各视口间必须要相邻,视口只能为标准的矩形图形,而用户无法调整视口边界。相反对于浮动视口而言,它是用于建立图形最终布局的,其形状可以为矩形、任意多边形、圆形等,图形相互之间可以重叠,并能同时打印,而且还可以调整视口边界形状,可以通过浮动视口安排视图。图纸空间布局上的浮动视口就是查看模型空间的一个窗口,通过它们就可以看到图形。而且,通过浮动视口可以调整模型空间的对象在图纸显示的具体位置、大小、控制现实的图层、视图等。系统在创建布局时自动创建一个浮动视口。

下面具体介绍一下创建浮动视口的方法。

1. 添加单个视口

即在已创建的布局中再建立其他视口

首先将"布局 1"设置为当前图样空间，进入"布局 1"，然后选择菜单"视图"|"视口"|"单个视口"子菜单项，并任意指定两个对角点的坐标，完成添加一个视口的操作，结果如图 9 - 5 所示。

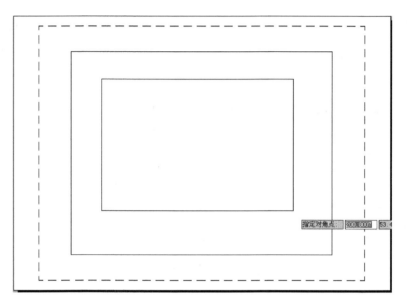

图 9 - 5　添加单个视口

2. 添加多边形视口

首先将"布局 2"设置为当前图样空间，进入"布局 2"，然后选择菜单"视图"|"视口"|"多边形视口"子菜单项，并依次指定多边形的各个顶点的坐标，完成创建一个正六边形视口的操作，结果如图 9 - 6 所示。

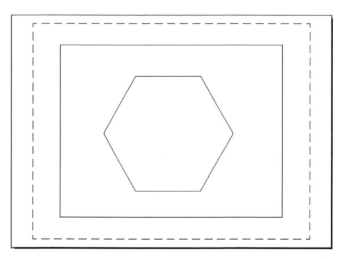

图 9 - 6　新创建的多边形视口

注意： 为了使布局在输出打印时只打印视图不打印视口边框，可以将所在图层设置为不打印。这样虽然在布局上可以看到视口边框,但打印时边框不会出现。

3. 删除和调整视口

在删除视口的时候,首先用户要单击视口边界,再按 Del 键操作,就可以执行删除了。

对于调整视口比例同样可以在"视口"工具栏中下拉列表选择浮动窗口与模型空间图形的比例,如果没有所需比例,还可以在"视口"工具栏的"比例"文本框中直接输入比例值。如比例为 2∶1,输入值为 2。

任务二　打印输出

通常,用户绘图的最终目的是打印出图,以便工程人员按图纸进行加工或施工。在 AutoCAD 中绘制完图形之后,是可以通过打印机将文件打印输出。对于一般的二维工程图纸,可以在 AutoCAD 的模型空间中进行打印,而对于较为复杂的二维图形或三维模型,可以在布局中打印输出,以获得最佳视觉效果。在输出图形前,通常要进行页面设置和打印设置,这样能保证图形输出的正确性。

(一) 页面设置

页面设置是指设置打印图形时所用的图纸、规格、打印设备等。页面设置分别针对布局(图纸空间)和模型空间来进行的。常用打开"页面管理器"的方法有以下四种:

① 选择"文件"|"页面设置管理器"子菜单项;

② 单击"布局"工具栏中的"页面设置管理器"按钮;

③ 在命令行输入"pagesetup"命令;

④ 选择快捷菜单的布局选项卡中"页面设置管理器"。

执行命令后,将打开如图 9-7 所示"页面设置管理器"对话框。用户可以在该对话框中完成新布局、修改原有布局、输入存在的布局和将布局置为当前等操作。

图 9-7　"页面设置管理器"

图 9-7 对话框中几个关键选项的含义如下：

"页面设置"列表：显示出当前图形已有的页面设置，在"选定页面设置的详细信息区"显示所指出指定的页面设置相关信息。

新建(N)... 按钮：创建新的页面，单击该按钮，打开如图 9-8 所示的"新页面设置"对话框，利用它来新建一个页面设置。

图 9-8 "新页面设置"对话框

修改(M)... 按钮：单击该按钮将会打开如图 9-9 所示"页面设置-模型"对话框，在该对话框中修改页面设置中的选项。

输入(I)... 按钮：单击该按钮将会打开"从文件选择页面设置"对话框，选择输入页面设置方案的图形文件后，单击 打开(O) 按钮，这时系统将打开"输入页面设置"对话框。在该对话框中选择希望输入的页面设置方案，单击 确定(O) 按钮后，页面方案将会出现在"页面设置"选项组的"页面设置名"下拉列表中。此按钮的功能就是导入其他图形中的页面设置。

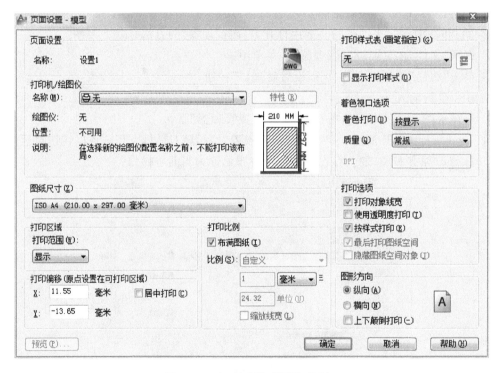

图 9-9 "页面设置-模型"对话框

图 9-9 对话框中几个关键选项的含义如下：

"打印机/绘图仪"选项组：设置用于出图的绘图仪或打印机。用户可以根据需要在"名称"下拉列表中选择打印机的名称。单击 特性(R) 按钮后，打开如图 9-10 所示的"绘图仪配置编辑器"对话框，在该对话框中查看或修改打印机的设置。

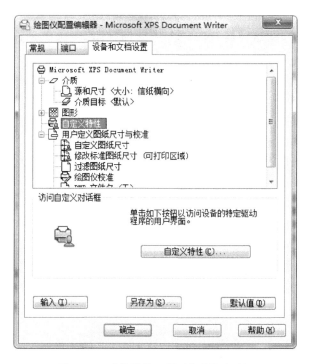

图 9 - 10 "绘图仪配置编辑器"对话框

"图纸尺寸"选项组：指定某一规格的图纸。用户可以通过其后下拉列表来选择图纸幅面的大小。

"打印区域"选项组：确定图形中需要打印的区域。"打印范围"下拉列表框中各选项的含义如下：

● "窗口"：指定打印矩形窗口中的图形，可以通过鼠标和键盘来定义窗口；

● "范围"：打印图形中的所有对象；

● "显示"：打印当前显示图形；

● "图形界限"：打印位于由"Limits"命令设置的图形界限范围内的全部图形。

"打印偏移"选项组：确定打印区域相对于图纸的位置。"X"和"Y"文本框是指定打印区域左下角点的偏移量，一般情况下，X 和 Y 偏移量均为 0；"居中打印"复选框是系统自动计算输入的偏移量，以便居中打印。

"打印比例"选项组：设置图形的打印比例。"布满图纸"复选框是将打印区域自动缩放到布满整个图样；在"比例"下拉列表框中，用户可以选择标准比例，或自定义输入比例值。

"打印样式表"选项组：用于选择已存在的打印样式，从而非常方便地用设置好的打印样式替代图形对象原有的属性，并体现到出图格式中。

"着色视口选项"选项组：用于指定着色和渲染窗口的打印方式。确定它们的分辨率级别和每英寸点数(DPI)。其中"着色打印"对话框用于指定视图的打印方式，"质量"对话框用于指定着色和渲染视口的打印分辨率。

"打印选项"选项组：该选项主要用于指定打印样式、打印对象的线宽以及打印样式表等相关属性。如选择"隐藏图纸空间对象"复选框，则打印时只打印消隐后的效果，不打印布局环境对象的消隐线。

"图形方向"选项组：确定图形在纸上的打印方向，图纸本身不改变方向。"纵向"单选框是纵向打印；"横向"单选框是横向打印；"上下颠倒打印"复选框是选中后将图形旋转180°打印。

(二) 打印设置

页面设置结束后就可打印输出了。根据布局与模型空间的不同，打印分为两种方法。

1. 打印模型空间中的图形

如果用户只需要打印模型空间中的图形，也可不创建布局，直接从模型空间中打印图形。执行该命令有以下三种方法：

① 选择菜单"文件"|"打印"子菜单项；

② 单击标准工具栏中的"打印"🖨按钮；

③ 在命令行输入 Plot 命令。

执行命令上述命令后，将打开"打印-模型"对话框(见图9-11)。在该对话框中的"名称"下拉列表框中指定页面设置后，对话框中显示出与其对应的打印设置。用户同时可以按照对话框中的其他提示单项进行设置。如果单击位于右下角❸按钮，还可以展开"打印-模型"对话框，如图9-12所示。

图9-11 "打印-模型"对话框

对话框中的"预览"用于浏览打印效果。通过预览观察一下是否满足打印要求，按 Esc 键退出浏览状态，单击"确定"即可完成图形的输入打印。

2. 打印布局中的图形

如果用户在布局中打印，打印方法、调用命令和设置与在模型空间中的方法相同，执行打印命令后，在打开"打印-布局"对话框中设置打印相关参数即可。

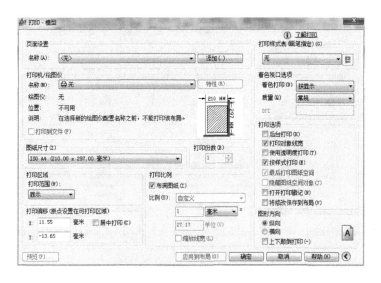

图 9-12 展开"打印-模型"对话框

（三）打印样式表

打印样式表主要用于对图形对象的打印颜色、线性、线宽、抖动和填充样式等进行设置。

1．打印样式表分类

打印样式表主要有两种：一种是对于颜色的相关打印样式表，另一种是命名打印样式表。选择菜单"文件"|"打印样式管理器"命令，或者在命令行输入 Stylesmanager 命令，系统会自动弹出 Plot Styles 对话框，在该对话框中，有两种文件，其中颜色相关打印样式表的文件扩展名是.ctb，命名打印样式表的文件扩展名是.stb。

（1）颜色相关打印样式表

该打印样式表里包含了 255 个打印样式，每个打印样式对应一种颜色，使用这种打印样式表以后，图纸文件里的各种颜色的图形对象就按照打印样式表里面对应颜色的样式进行打印。比如黄色打印样式设置为打印成黑色、打印出的线条宽度是 0.4 mm，则图纸文件里的黄色图形对象就被打印成线宽 0.4 mm 的黑色图形。

（2）命名打印样式表

该打印样式表里包含若干命名的打印样式，如"实线"打印样式、"细实线"打印样式等等，这些打印样式可以任意增添或删减。画图的时候将命名打印样式表里的某个打印样式指定给某个图层，打印的时候被指定图层上的图形对象就按照指定的打印样式进行打印。也可以在画图的时候将命名打印样式表里的某个打印样式指定给某个图形对象，打印的时候被指定的图形对象也就按照指定的打印样式进行打印。

2．创建和编辑打印样式表

（1）创建打印样式表

单击"文件"下"打印样式管理器"，在弹出如图 9-13 所示的 Plot Styles 对话框中双击"添加打印样式表向导"图标按钮，根据流程提示操作，即可创建一个新的打印样式表。

双击后系统会自动打开"添加打印样式表"对话框，如图 9-14 所示，单击"下一步"按钮，

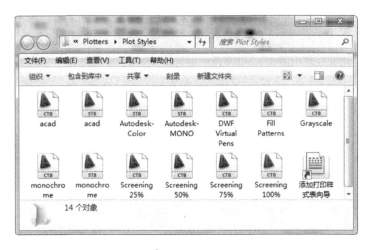

图 9 - 13　Plot Styles 对话框

打开"添加样式表-开始"对话框,如图 9 - 15 所示,在该对话框中提供了四种创建方式,这里选中"创建新打印样式表"单选按钮,再单击"下一步"按钮继续打开"添加打印样式表-选择打印样式表"对话框,如图 9 - 16 所示,用户可以根据需要选择所需要的样式(在实际的工作中,用户更加侧重于选择颜色相关打印表),再次单击"下一步",打开"添加打印样式表-文件名"对话框,如图 9 - 17 所示,然后在"文件名"文本框中输入"打印样式 1"名称,单击"下一步"按钮,打开"添加打印样式表-完成"对话框,如图 9 - 18 所示,在该对话框中,单击"打印样式表编辑器"按钮,在"打印样式表编辑器-打印样式 1"对话框(见图 9 - 19)中进行相关参数的设置,设置完成后单击"完成"即可。

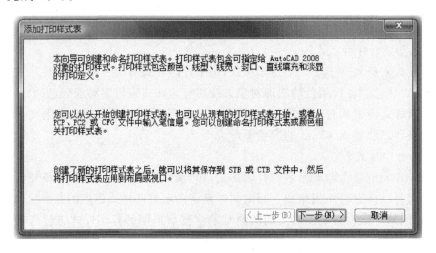

图 9 - 14　"添加打印样式表"对话框

(2) 编辑打印样式表

如果要对已经存在于 Plot Styles 对话框中的打印样式表进行编辑,则可在该对话框中单击任意一个打印样式文件,系统都会自动弹出"打印样式表编辑器"对话框,如图 9 - 19 所示。该对话框中包含"基本"、"表示图"和"格式视图"三个选项卡,通过对各个选项卡中的相关参数进行设置,完成对打印样式表的编辑操作。下面具体介绍这三个选项卡的含义:

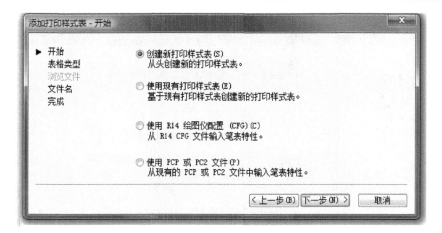

图 9 - 15　"添加样式表-开始"对话框

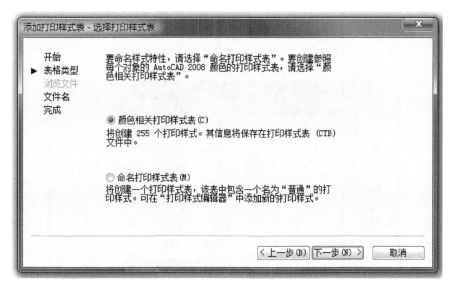

图 9 - 16　"添加打印样式表-选择打印样式表"对话框

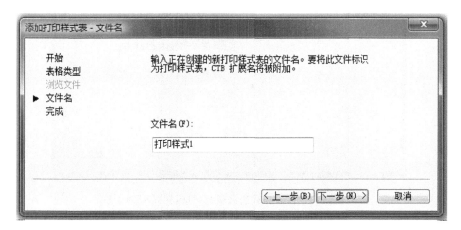

图 9 - 17　"添加打印样式表-文件名"对话框

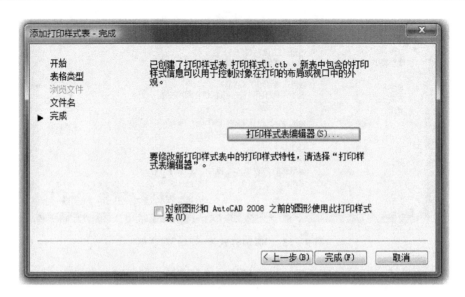

图 9-18　"添加打印样式表-完成"对话框

图 9-19　"打印样式表编辑器-打印样式 1"对话框

　　"基本"选项卡：主要包含了打印样式表的基本信息，如打印样式表文件名和文件信息等。
　　"表视图"选项卡：其中可以设置打印样式表"颜色""线型""线宽""启动抖动""淡显"等。

具体操作方法是先单击需要设置的选项,然后在弹出的下拉列表中进行相关的设置即可。

"格式视图"选项卡:用户可以在该选项卡的"打印样式"列表中选择打印样式;在"特性"选项组中进行修改特性设置;在"说明"列表中提供每个打印样式的说明。

(四)管理比例列表

在 AutoCAD 中,有两处用户会用到比例列表,分别是创建视口与打印输出。工程图纸的大小幅面是有限的,而实际中尺寸没有限制,为了在小幅面中能显示大幅面图形而设置了比例尺。下面具体介绍一下管理比例列表的操作步骤:

① 在命令行输入 scalelistedit 命令,系统自动弹出"编辑图形比例"对话框,如图 9-20 所示,在列表中输入常用比例。

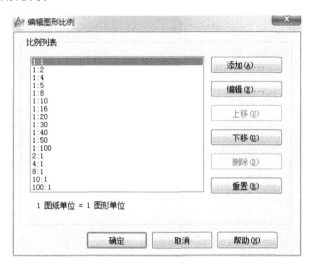

图 9-20 "编辑图形比例"对话框

② 单击"添加"按钮,弹出"添加比例"对话框,在"比例名称"选项组中的"显示在比例表中的名称"文本框中输入新比例值(如 1:1.5),然后将"比例特性"选项组中的"图纸单位"文本框和"图形单位"文本框里的数值修改成与"显示在比例表中的名称"文本框中输入的比例值相同即可。结果如图 9-21 所示。

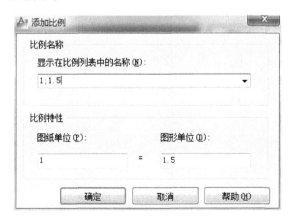

图 9-21 "添加比例"对话框

③ 单击"确定"按钮返回"编辑图形比例表"对话框,此时"比例列表"中添加了新比例值。结果如图 9-22 所示。

图 9-22 含新比例的"编辑比例列表"

这样,在添加视口或打印图形时,比例列表就会有相应比例列表项可以进行选择输出。

(五) 电子打印

为了配合现代网络信息的共享特性,很多用户选择在互联网上分享产品工程设计图形,为了迎合用户的多种不同需求,将互联网技术融合至 AutoCAD 中,使 Internet 能阅读 Auto-CAD 文件,同时 AutoCAD 能访问 Internet 站点。因此,从 AutoCAD 2000 开始至 AutoCAD 2012 都提供了新的图形输出方式,就是用户可以进行电子打印,可以把图形打印成一个 DWF 文件,还可以用特定的浏览器浏览。

1. 电子打印的特点

电子打印的特点有多个方面,首先矢量图文小巧,便于在网络中交流和共享;通过特定的浏览器浏览方便;智能多页面设计;更为安全、快速、节约。

2. 电子打印步骤

① 打开"文件"|"打印"子菜单。

② 在"打印机/绘图仪"选项"名称"下拉列表中选择打印设备 DWF6ePlot.PC3。

③ 单击"确定",打开"浏览打印文件"对话框。输入文件名,后缀为.dwf,确定好文件目录后,单击"保存",完成电子打印操作。

(六) 文件发布

1. 图形发布

在打印时选择 DWF6ePlot.PC3 电子打印机的方式可以将图纸打印到单页 DWF 文件中,AutoCAD 中的发布图形集技术还可以将一个文件的多个布局,甚至是多个文件的多个布局发布到一个图形集中。这个图形集可以是一个多页的 DWF 文件或多个单页 DWF 文件。如涉及商业机密,用户还可以为图形集设计保密口令,用于确保安全性,同时还可以供有关人员查阅。

对于异机或异地接收到的 DWF 图形集,使用 Autodesk Express Viewer 浏览器,用户可浏览图形,如若接上打印机,就可以将整套图纸用这一浏览器打印。

激活"发布图形集"命令的方法有以下两种:

① 选择菜单"文件"|"发布"子菜单项;

② 在命令行输入 publish 命令。

执行上述命令后,弹出"发布"对话框(如图 9-23),用户单击"发布选项"按钮,打开"发布选项"对话框,进行发布的相应设置,如图 9-24 所示。

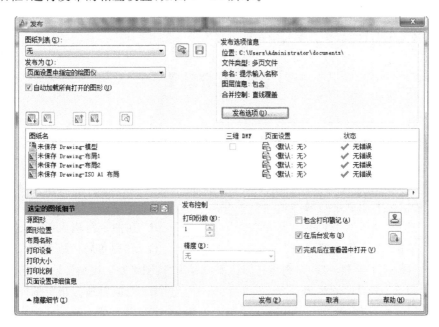

图 9-23　"发布"对话框

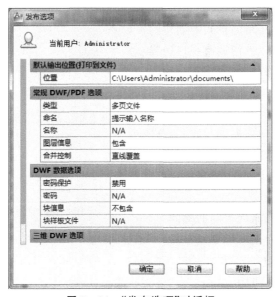

图 9-24　"发布选项"对话框

2. 网上发布

网上发布向导为创建包含 AutoCAD 图形的 DWF、JPEG、PNG 图像的格式化网页提供了简化的界面。其中 DWF 格式不会压缩图形文件;JPEG 格式有损压缩,即故意丢失抛弃一些数据以显著减小压缩文件大小;PNG 格式采用无损压缩,文件不丢失抛弃数据。

使用网上发布向导,即使不熟悉 HTML 编码,也可以快速、轻松地创建出精彩的格式化网页。创建网页后,可以将其发布到 Internet 上。激活"网络发布向导"的方法有以下两种:

① 选择菜单"文件"|"网上发布"子菜单项。

② 在命令行中输入 publishtoweb 命令。

执行上述命令后,弹出"网上发布-开始"对话框。用户单击 下一步(N) > 按钮可进行网上发布的相关设置及预览,准备好后立即发布即可。

【实战演练】

1. 选择题

(1) 下面说法不正确的是_____。

    A. 图纸空间称为布局空间   B. 图纸空间完全模拟图纸页面

    C. 图纸空间用于在绘图前后安排图形位置   D. 图纸空间与模型空间相同

(2) 下列情况不能创建布局的是_____。

    A. 选择"插入"|"布局"|"新建布局"   B. 在命令行输入 Layout 命令

    C. 单击"图纸集管理器"按钮 ▨   D. 利用布局样板创建

(3) 图形按 1:1 绘制,打印时则将打印比例设置为"按图纸空间缩放",输出图形时_____。

    A. 以 1:1 的比例输出   B. 缩放以适合指定的图纸

    C. 以样板比例输出   D. 以上都不对

(4) 下面关于平铺视口和浮动视口的说法不正确的是_____。

    A. 平铺视口是在模型空间中创建的视口

    B. 浮动视口是在布局空间中创建的视口

    C. 平铺视口可以方便调整视口边界

    D. 浮动视口可以方便调整视口边界

(5) 打印样式表一般可分为_____。

    A. 颜色相关打印列表、图形相关打印列表

    B. 图形相关打印列表、命名相关打印列表

    C. 颜色相关打印列表、命名相关打印列表

    D. 命名相关打印列表、图层相关打印列表

2. 问答题

(1) 简述模型空间与布局空间的异同。

(2) 简述如何利用布局向导创建布局。

(3) 网上发布文件的方法有哪几种?

(4) 如何设置图形的打印方向?

(5) 浮动视口有哪些不同于平铺视口的特点?

参考文献

[1] 吴秀华.AutoCAD 电气工程绘图教程[M].北京：机械工业出版社,2015.

[2] 王欣.AutoCAD 2014 电气工程制图[M].北京：机械工业出版社,2017.

[3] 陈建武.AutoCAD 工程绘图[M].北京：清华大学出版社,2008.

[4] 陈志民.AutoCAD 2009 从入门到精通[M].北京：机械工业出版社,2009.

[5] 董祥国.AutoCAD 2008 应用教程[M].南京：东南大学出版社,2008.

[6] 程绪琦,王建华,刘志峰等.AutoCAD 2008 中文版标准教程[M].北京：电子工业出版社,2008.

[7] 张银彩,史青录,王佩楷等.中文版 AutoCAD 2008 实用教程[M].北京：机械工业出版社,2008.

[8] 王喜仓,刘勇.计算机辅助设计与绘图：AutoCAD 2011 版[M].北京：中国水利水电出版社,2010.

[9] 姜勇,张生.AutoCAD 2006 基本功能与典型实例[M].北京：人民邮电出版社,2007.

[10] 华联科技.AutoCAD 2007 绘图基础[M].北京：机械工业出版社,2007.

[11] 张宏彬.AutoCAD 案例与实训教程[M].北京：中国传媒大学出版社,2009.

[12] 赵敏海.AutoCAD 上机指导与习题精解[M].哈尔滨：哈尔滨工业大学出版社,2005.

[13] 杨光,杜庆波.通信工程制图与预算[M].西安：西安电子科技大学出版社,2008.

[14] 梁波,王宪生.中文版 AutoCAD 2008 电气设计[M].北京：清华大学出版社,2007.

[15] 胡仁喜,程丽,刘红宁.中文版 AutoCAD 2008 电气设计经典实例解析[M].北京：中国电力出版社,2008.

[16] 姜军.AutoCAD 2008 中文版应用基础[M].北京：人民邮电出版社,2009.